積分 (p. 3, 4)

$F'(x) = f(x)$ ならば

$$\int_a^b f(x)\,dx = \bigl[F(x)\bigr]_a^b = F(b) - F(a)$$

$$\int kf(x)\,dx = k\int f(x)\,dx \quad (k\ は定数)$$

$$\int \{f(x) + g(x)\}\,dx = \int f(x)\,dx + \int g(x)\,dx$$

$$\int a\,dx = ax + C \quad (a\ は定数)$$

$$\int x^n\,dx = \frac{1}{n+1}x^{n+1} + C \quad (n \neq -1)$$

$$\int (ax+b)^n\,dx = \frac{1}{a(n+1)}(ax+b)^{n+1} + C \quad (n \neq -1)$$

$$\int \frac{1}{x}\,dx = \int x^{-1}\,dx = \log|x| + C$$

$$\int \frac{1}{x+b}\,dx = \int (x+b)^{-1}\,dx = \log|x+b| + C$$

$$\int e^{ax}\,dx = \frac{1}{a}e^{ax} + C$$

$$\int \sin ax\,dx = -\frac{1}{a}\cos ax + C$$

$$\int \cos ax\,dx = \frac{1}{a}\sin ax + C$$

$$\int \sinh ax\,dx = \frac{1}{a}\cosh ax + C$$

$$\int \cosh ax\,dx = \frac{1}{a}\sinh ax + C$$

$$\int \frac{1}{x^2 + a^2}\,dx = \frac{1}{a}\tan^{-1}\frac{x}{a} + C$$

$$\int \frac{1}{x^2 - a^2}\,dx = \frac{1}{2a}\log\left|\frac{x-a}{x+a}\right| + C$$

$$\int \frac{1}{\sqrt{a^2 - x^2}}\,dx = \sin^{-1}\frac{x}{a} + C \quad (a > 0)$$

$$\int \frac{1}{\sqrt{x^2 + a}}\,dx = \log\left|x + \sqrt{x^2 + a}\right| + C$$

$$\int \sqrt{a^2 - x^2}\,dx = \frac{1}{2}\left(x\sqrt{a^2 - x^2} + a^2\sin^{-1}\frac{x}{a}\right) + C \quad (a > 0)$$

$$\int \sqrt{x^2 + a}\,dx = \frac{1}{2}\left(x\sqrt{x^2 + a} + a\log\left|x + \sqrt{x^2 + a}\right|\right) + C$$

$$\int \{f(x)\}^n f'(x)\,dx = \frac{1}{n+1}\{f(x)\}^{n+1} + C \quad (n \neq -1)$$

$$\int \frac{f'(x)}{f(x)}\,dx = \log|f(x)| + C$$

計算力が身に付く 微分方程式

佐野公朗 著

学術図書出版社

まえがき

　本書は微分方程式の基礎から簡単な応用までをできるだけわかり易く書いた初学者用の教科書です．

　ここでは理論的な厳密さよりも計算技術とその応用について習得することを主な目的としています．そのために新しい概念を導入するときはなるべく具体例を付けて，理解を助けるように努めました．また，例題と問題を対応させて，実例を通じて計算の方法が身に付けられるように工夫しました．予備知識としては1変数関数の微積分と線形代数の基礎を仮定しています．これらについては拙著『計算力が身に付く　微分積分』と『計算力が身に付く　線形代数』をご覧ください．

　このような説明のやり方を採用したのは，もはや従来の方法が学生にとって苦痛そのものでしかないからです．これまでの「定義・定理・証明」式の説明を理解するにはかなりの計算力と論理力そして記号に対する熟練が必要です．しかもこれらの能力を鍛えるために費やされる，時間や労力や犠牲は多大なものがあります．本書ではこのような負担をできるだけ軽くして，わかり易い解説を目指すように心掛けました．

　本書で学習される方は，まず説明を読みそれから例題に進み，それを終えたら対応する問を解いてください．もしも解答の方法がわからないときは，例題に戻りもう一度そこにある計算のやり方を見直してください．このようにして一通り問を解き終えてまだ余裕のある方は，練習問題に挑戦してください．各節の問題の解答は各節末に記載してあります．

　本書の内容を説明します．§0では準備として1変数関数の微積分の基礎について書いてあります．§1から§3では微分方程式の基礎と変数分離形，同次形，完全形の微分方程式について説明してあります．§4では1階線形微分方程式を，§5では同次線形微分方程式を扱っています．§6から§11ではいろいろな非同次線形微分方程式について書いてあります．§12では線形連立微分方程式について取り上げています．

　本書をまとめるにあたり，多くの著書を参考にさせていただいたことをここに感謝します．学術図書出版社の発田孝夫氏には，作成にあたって多大なお世話になり深く謝意を表します．また，八戸工業大学の尾﨑康弘名誉教授には様々なご助言を頂き，ここで厚く御礼を申し上げます．

2007年10月

著者

もくじ

§0 微積分の基礎
- 0.1 関数の微分 ··· 1
- 0.2 関数の積分 ··· 3
- 練習問題 0 ·· 5

§1 微分方程式と解，変数分離形微分方程式
- 1.1 微分方程式 ··· 8
- 1.2 微分方程式の解 ··· 8
- 1.3 変数分離形微分方程式 ·· 10
- 練習問題 1 ·· 12

§2 同次形微分方程式
- 2.1 同次形微分方程式 ··· 14
- 2.2 準同次形微分方程式 ·· 16
- 練習問題 2 ·· 18

§3 完全形微分方程式
- 3.1 完全形微分方程式 ··· 21
- 3.2 積分因数 ·· 24
- 練習問題 3 ·· 26

§4 1階線形微分方程式
- 4.1 線形微分方程式 ·· 28
- 4.2 定数係数1階同次線形微分方程式 ······································· 28
- 4.3 変数係数1階線形微分方程式 ·· 30
- 練習問題 4 ·· 32

§5 定数係数同次線形微分方程式
- 5.1 定数係数2階同次線形微分方程式 ······································· 34
- 5.2 定数係数 n 階同次線形微分方程式 ····································· 36
- 練習問題 5 ·· 37

§6 定数係数非同次線形微分方程式（右辺が多項式）
- 6.1 非同次線形微分方程式 ·· 39
- 6.2 右辺が多項式である場合の解法 ··· 40

　　　　練習問題 6 ……………………………………………………… 42

§7　定数係数非同次線形微分方程式（右辺が指数関数）
　7.1　右辺が指数関数である場合の解法（その 1）……………… 44
　7.2　右辺が指数関数である場合の解法（その 2）……………… 45
　　　　練習問題 7 ……………………………………………………… 46

§8　定数係数非同次線形微分方程式（右辺が三角関数）
　8.1　右辺が三角関数である場合の解法（その 1）……………… 49
　8.2　右辺が三角関数である場合の解法（その 2）……………… 51
　　　　練習問題 8 ……………………………………………………… 53

§9　定数係数非同次線形微分方程式（右辺が $e^{ax}f(x)$）
　9.1　右辺が関数 $e^{ax}f(x)$ である場合の解法 …………………… 55
　　　　練習問題 9 ……………………………………………………… 57

§10　定数係数非同次線形微分方程式（右辺が $x^n f(x)$）
　10.1　右辺が関数 $xf(x)$ である場合の解法 ……………………… 60
　10.2　右辺が関数 $x^2 f(x)$, $x^n f(x)$ である場合の解法 ………… 62
　　　　練習問題 10 …………………………………………………… 64

§11　定数係数非同次線形微分方程式（右辺が関数の和，積）
　11.1　右辺が関数の和である場合の解法 ………………………… 67
　11.2　右辺が関数の積である場合の解法 ………………………… 68
　　　　練習問題 11 …………………………………………………… 70

§12　定数係数線形連立微分方程式
　12.1　同次線形連立微分方程式 …………………………………… 73
　12.2　非同次線形連立微分方程式 ………………………………… 74
　　　　練習問題 12 …………………………………………………… 75

索　引 ……………………………………………………………………… 78
記号索引 …………………………………………………………………… 79

§0 微積分の基礎

これからこの分野を勉強するのに必要な予備知識を補う．ここでは1変数関数を考え，その微積分について取り上げる．

0.1 関数の微分

1変数関数を考え，微分を導入する．

1つの変数によって表された式（方程式）を **1変数関数** という．たとえば関数 $y = x^2+1$ のように変数 y が変数 x の式で $y = f(x)$ と表されるならば，x を **独立変数**（変数），y を **従属変数**（関数）という．変数以外の文字や数字を **定数** という．

● 微分の意味と記号

一般の曲線で接線の傾きを求める．

曲線 $y = f(x)$ 上の点 $A(x, f(x))$ で接線 T の傾き（**微分係数**）は $\Delta x = h$, $\Delta y = f(x+h)-f(x)$ とすると

$$\lim_{h \to 0} \frac{f(x+h)-f(x)}{h} = \lim_{\Delta x \to 0} \frac{\Delta y}{\Delta x}$$

これを次のように書いて **導関数** という．

$$\frac{dy}{dx} = y' = f'(x)$$

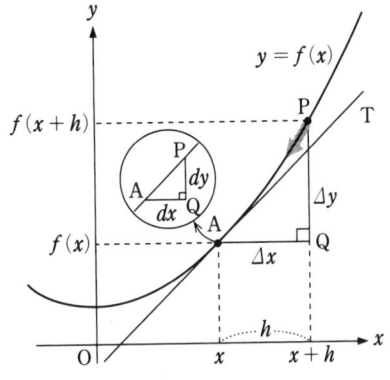

図 0.1 曲線 $y = f(x)$ 上の点 A で接線 T の傾き．

$\Delta x, \Delta y$ を増分，dx, dy を微分という．導関数を求めることを **微分する** という．何回も微分するときは y'', y''', …, $y^{(n)}$ と書く．$y^{(n)}$ を n 次導関数という．

点 A で拡大すると曲線も接線と同じ直線に見えてくる．点 P が点 A を近づくと，線分 AP の傾き $\frac{\Delta y}{\Delta x}$ が接線 T の傾き $\frac{dy}{dx}$ に近づく．

関数の微分について，次が成り立つ．

> **公式 0.1**　関数の四則と合成関数の微分，k は定数
> (1) $\{kf(x)\}' = kf'(x)$
> (2) $\{f(x)+g(x)\}' = f'(x)+g'(x)$
> (3) $\{f(x)g(x)\}' = f'(x)g(x)+f(x)g'(x)$
> (4) $\left\{\dfrac{f(x)}{g(x)}\right\}' = \dfrac{f'(x)g(x)-f(x)g'(x)}{g(x)^2}$

(5) $\left\{\dfrac{1}{g(x)}\right\}' = -\dfrac{g'(x)}{g(x)^2}$

(6) $\{f(g(x))\}' = f'(g(x))g'(x)$

公式 0.2 いろいろな関数の微分，c は定数

(1) $(c)' = 0$ (2) $(x^n)' = nx^{n-1}$

(3) $(e^x)' = e^x$ (4) $(\log|x|)' = \dfrac{1}{x}$

(5) $(\sin x)' = \cos x$ (6) $(\cos x)' = -\sin x$

(7) $(\tan x)' = \sec^2 x$ (8) $(\sin^{-1} x)' = \dfrac{1}{\sqrt{1-x^2}}$

(9) $(\cos^{-1} x)' = -\dfrac{1}{\sqrt{1-x^2}}$ (10) $(\tan^{-1} x)' = \dfrac{1}{x^2+1}$

(11) $(\sinh x)' = \cosh x$ (12) $(\cosh x)' = \sinh x$

例題 0.1 公式 0.1，0.2 を用いて微分せよ．

(1) $y = \sqrt{3x}$ (2) $y = x^3+1+\dfrac{1}{x}$

(3) $y = x^2 e^x$ (4) $y = \dfrac{\log x}{x+1}$

(5) $y = \cos(x^2+3)$ (6) $y = (\tan^{-1} x + 2)^3$

解 まず公式 0.1 を用いて各関数の微分に分解してから，公式 0.2 により微分する．

(1) $y = \sqrt{3x} = \sqrt{3}\,x^{\frac{1}{2}}, \quad y' = \sqrt{3}(x^{\frac{1}{2}})' = \dfrac{\sqrt{3}}{2}x^{-\frac{1}{2}} = \dfrac{\sqrt{3}}{2\sqrt{x}}$

(2) $y = x^3+1+\dfrac{1}{x} = x^3+1+x^{-1}$

$y' = (x^3)'+(1)'+(x^{-1})' = 3x^2-x^{-2} = 3x^2-\dfrac{1}{x^2}$

(3) $y' = (x^2 e^x)' = (x^2)'e^x + x^2(e^x)' = 2xe^x + x^2 e^x = (2x+x^2)e^x$

(4) $y' = \left(\dfrac{\log x}{x+1}\right)' = \dfrac{(\log x)'(x+1)-(\log x)(x+1)'}{(x+1)^2} = \dfrac{\dfrac{1}{x}(x+1)-\log x}{(x+1)^2}$

$= \dfrac{x+1-x\log x}{x(x+1)^2}$

(5) $y' = \{\cos(x^2+3)\}' = -\sin(x^2+3)(x^2+3)' = -2x\sin(x^2+3)$

(6) $y' = \{(\tan^{-1} x + 2)^3\}' = 3(\tan^{-1} x + 2)^2(\tan^{-1} x + 2)'$

$= \dfrac{3(\tan^{-1} x + 2)^2}{x^2+1}$

問 0.1 公式 0.1, 0.2 を用いて微分せよ．

(1) $y = \left(\dfrac{3}{x}\right)^2$ (2) $y = \sqrt[3]{x^2} + \dfrac{1}{\sqrt{x^3}}$

(3) $y = (x^2-1)\log(x+2)$ (4) $y = \dfrac{x+4}{e^{-x}+1}$

(5) $y = \cos^{-1}(x^2+x)$ (6) $y = \sqrt{\tan 5x - 1}$

0.2 関数の積分

1 変数関数の積分を導入する．

● **定積分の意味と記号**

一般の曲線に囲まれた図形の面積を求める．

区間 $a \leqq x \leqq b$ で曲線 $y = f(x)$ と x 軸に囲まれた図形の面積を S とする．

y 軸に平行で底辺が $\varDelta x$，高さが $f(x)$ の長方形を作ると，面積は $f(x)\varDelta x$ となる．$\varDelta x \to 0$ として拡大すると底辺は dx になり，長方形の面積は $f(x)\,dx$ となる．これを点 $x = a$ から点 $x = b$ までたし合わせれば，面積 S が求まる．そこで次のように表し，関数 $f(x)$ の点 a から点 b までの**定積分**という．a を**下端**，b を**上端**，$a \leqq x \leqq b$ を**積分区間**という．

$$S = \int_a^b \underbrace{f(x)\,dx}_{\text{長方形の面積}} \quad \text{← a から b までたし合わせる．}$$

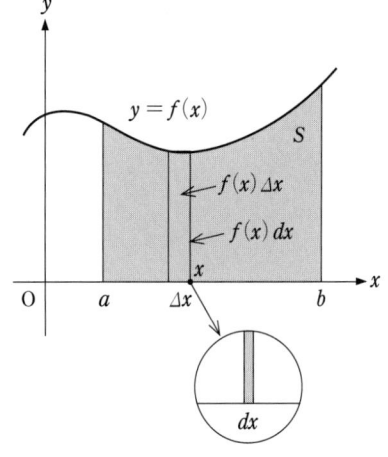

図 0.2 曲線 $y = f(x)$ と x 軸に囲まれた図形の面積と定積分．

このとき次が成り立つ．

公式 0.3 微積分の基本定理

関数 $f(x)$ に対して $F'(x) = f(x)$ ならば
$$\int_a^b f(x)\,dx = \Bigl[F(x)\Bigr]_a^b = F(b) - F(a)$$

● **不定積分の意味と記号**

定積分の求め方を整理する．

公式 0.3 より関数 $f(x)$ の定積分を求めるには，微分して $f(x)$ になる関数を見つければ良い．そこで関数 $f(x)$ に対して

$$F'(x) = f(x)$$

ならば，関数 $F(x)$ を関数 $f(x)$ の**不定積分（積分）**という．ただし，不定積分は多数あるので**積分定数** C を用いて次のように書く．

$$\int f(x)\,dx = F(x)+C$$

関数の積分について次が成り立つ．

公式 0.4 関数の定数倍と和の積分，k は定数

(1) $\displaystyle\int kf(x)\,dx = k\int f(x)\,dx$

(2) $\displaystyle\int \{f(x)+g(x)\}\,dx = \int f(x)\,dx + \int g(x)\,dx$

公式 0.5 いろいろな関数の不定積分，$n \neq -1$，$a \neq 0$，b は定数

(1) $\displaystyle\int a\,dx = ax+C$ (2) $\displaystyle\int x^n\,dx = \frac{1}{n+1}x^{n+1}+C$

(3) $\displaystyle\int (ax+b)^n\,dx = \frac{1}{a(n+1)}(ax+b)^{n+1}+C$

(4) $\displaystyle\int \frac{1}{x}\,dx = \log|x|+C$ (5) $\displaystyle\int \frac{1}{x+b}\,dx = \log|x+b|+C$

(6) $\displaystyle\int e^{ax}\,dx = \frac{1}{a}e^{ax}+C$ (7) $\displaystyle\int \sin ax\,dx = -\frac{1}{a}\cos ax+C$

(8) $\displaystyle\int \cos ax\,dx = \frac{1}{a}\sin ax+C$

(9) $\displaystyle\int \sinh ax\,dx = \frac{1}{a}\cosh ax+C$

(10) $\displaystyle\int \cosh ax\,dx = \frac{1}{a}\sinh ax+C$

(11) $\displaystyle\int \frac{1}{x^2+a^2}\,dx = \frac{1}{a}\tan^{-1}\frac{x}{a}+C$

(12) $\displaystyle\int \frac{1}{x^2-a^2}\,dx = \frac{1}{2a}\log\left|\frac{x-a}{x+a}\right|+C$

(13) $\displaystyle\int \frac{1}{\sqrt{a^2-x^2}}\,dx = \sin^{-1}\frac{x}{a}+C \quad (a>0)$

(14) $\displaystyle\int \frac{1}{\sqrt{x^2+a}}\,dx = \log|x+\sqrt{x^2+a}|+C$

(15) $\displaystyle\int \sqrt{a^2-x^2}\,dx = \frac{1}{2}\left(x\sqrt{a^2-x^2}+a^2\sin^{-1}\frac{x}{a}\right)+C \quad (a>0)$

(16) $\displaystyle\int \sqrt{x^2+a}\,dx = \frac{1}{2}\left(x\sqrt{x^2+a}+a\log|x+\sqrt{x^2+a}|\right)+C$

(17) $\displaystyle\int \{f(x)\}^n f'(x)\,dx = \frac{1}{n+1}\{f(x)\}^{n+1}+C$

(18) $\displaystyle\int \frac{f'(x)}{f(x)}\,dx = \log|f(x)|+C$

例題 0.2 公式 0.4, 0.5 を用いて積分を求めよ.

(1) $\displaystyle\int \frac{1}{\sqrt{2x}}\,dx$ 　　(2) $\displaystyle\int \left(4x^3+\frac{3}{x}+\frac{2}{x^3}\right)dx$

(3) $\displaystyle\int e^{-2x}\,dx$ 　　(4) $\displaystyle\int \sin\frac{x}{2}\,dx$

(5) $\displaystyle\int \frac{6}{x^2+9}\,dx$ 　　(6) $\displaystyle\int \frac{3}{\sqrt{4-x^2}}\,dx$

解 公式 0.4 を用いて各関数の積分に分解してから, 公式 0.5 により不定積分を求める.

(1) $\displaystyle\int \frac{1}{\sqrt{2x}}\,dx = \frac{1}{\sqrt{2}}\int x^{-\frac{1}{2}}\,dx = \frac{2}{\sqrt{2}}\sqrt{x}+C = \sqrt{2x}+C$

(2) $\displaystyle\int\left(4x^3+\frac{3}{x}+\frac{2}{x^3}\right)dx = \int\left(4x^3+\frac{3}{x}+2x^{-3}\right)dx = x^4+3\log|x|-\frac{1}{x^2}+C$

(3) $\displaystyle\int e^{-2x}\,dx = -\frac{1}{2}e^{-2x}+C$

(4) $\displaystyle\int \sin\frac{x}{2}\,dx = -2\cos\frac{x}{2}+C$

(5) $\displaystyle\int \frac{6}{x^2+9}\,dx = \frac{6}{3}\tan^{-1}\frac{x}{3}+C = 2\tan^{-1}\frac{x}{3}+C$

(6) $\displaystyle\int \frac{3}{\sqrt{4-x^2}}\,dx = 3\sin^{-1}\frac{x}{2}+C$

問 0.2 公式 0.4, 0.5 を用いて積分を求めよ.

(1) $\displaystyle\int \left(\frac{x}{2}\right)^3 dx$ 　　(2) $\displaystyle\int \left(6x^5-\frac{1}{3x}\right)dx$

(3) $\displaystyle\int e^{6x}\,dx$ 　　(4) $\displaystyle\int \cos 4x\,dx$

(5) $\displaystyle\int \frac{6}{x^2+4}\,dx$ 　　(6) $\displaystyle\int \frac{4}{\sqrt{9-x^2}}\,dx$

練習問題 0

1. 公式 0.1, 0.2 を用いて微分せよ.

(1) $y=\dfrac{\sqrt[3]{27x}}{\sqrt{9x}}$ 　　(2) $y=\dfrac{x^4-\sqrt{x}+1}{x}$

(3) $y=(3x+1)\sin 5x$ 　　(4) $y=(2x-3)\tan^{-1}x$

(5) $y=\dfrac{\tan x}{x^3-2}$ 　　(6) $y=\dfrac{x^4+x}{\sin^{-1}x}$

(7) $y = \dfrac{1}{e^{x^2-3x}}$ (8) $y = \log(\sqrt[3]{x} + x^3)$

(9) $y = \dfrac{1}{(e^{4x}-3)^2}$ (10) $y = \dfrac{1}{\sqrt{\log x - 2}}$

(11) $y = \sin(\log x)$ (12) $y = e^{\sin^{-1} x}$

2. 公式 0.4, 0.5 を用いて積分を求めよ.

(1) $\displaystyle\int \sqrt{4x}\,\sqrt[3]{8x}\,dx$ (2) $\displaystyle\int \dfrac{x^4-\sqrt{x}+1}{\sqrt{x}^3}\,dx$

(3) $\displaystyle\int \dfrac{1}{x-3}\,dx$ (4) $\displaystyle\int \dfrac{1}{\sqrt{x+4}}\,dx$

(5) $\displaystyle\int (e^{3x}+e^{-4x})\,dx$ (6) $\displaystyle\int \left(\sin\dfrac{x}{4}+3\cos 3x\right) dx$

(7) $\displaystyle\int \dfrac{1}{x^2-9}\,dx$ (8) $\displaystyle\int \dfrac{1}{\sqrt{x^2+2}}\,dx$

(9) $\displaystyle\int \sqrt{9-x^2}\,dx$ (10) $\displaystyle\int \sqrt{x^2-3}\,dx$

(11) $\displaystyle\int \dfrac{x}{\sqrt{x^2+3}}\,dx$ (12) $\displaystyle\int \dfrac{x}{x^2-2}\,dx$

解答

問 0.1 (1) $-\dfrac{18}{x^3}$ (2) $\dfrac{2}{3\sqrt[3]{x}} - \dfrac{3}{2\sqrt{x}^5}$

(3) $2x \log(x+2) + \dfrac{x^2-1}{x+2}$ (4) $\dfrac{(x+5)e^{-x}+1}{(e^{-x}+1)^2}$

(5) $-\dfrac{2x+1}{\sqrt{1-(x^2+x)^2}}$ (6) $\dfrac{5\sec^2 5x}{2\sqrt{\tan 5x - 1}}$

問 0.2 (1) $\dfrac{1}{32}x^4 + C$ (2) $x^6 - \dfrac{1}{3}\log|x| + C$ (3) $\dfrac{1}{6}e^{6x} + C$

(4) $\dfrac{1}{4}\sin 4x + C$ (5) $3\tan^{-1}\dfrac{x}{2} + C$ (6) $4\sin^{-1}\dfrac{x}{3} + C$

練習問題 0

1. (1) $-\dfrac{1}{6\sqrt[6]{x}^7}$ (2) $3x^2 + \dfrac{1}{2\sqrt{x}^3} - \dfrac{1}{x^2}$

(3) $3\sin 5x + 5(3x+1)\cos 5x$ (4) $2\tan^{-1} x + \dfrac{2x-3}{x^2+1}$

(5) $\dfrac{(x^3-2)\sec^2 x - 3x^2 \tan x}{(x^3-2)^2}$ (6) $\dfrac{(4x^3+1)\sqrt{1-x^2}\sin^{-1} x - x^4 - x}{(\sin^{-1} x)^2 \sqrt{1-x^2}}$

(7) $(-2x+3)e^{-x^2+3x}$ (8) $\dfrac{1+9x^2\sqrt[3]{x}^2}{3\sqrt[3]{x}^2(\sqrt[3]{x}+x^3)}$

(9) $-\dfrac{8e^{4x}}{(e^{4x}-3)^3}$ (10) $-\dfrac{1}{2x\sqrt{\log x - 2}^3}$

(11) $\dfrac{\cos(\log x)}{x}$ (12) $\dfrac{e^{\sin^{-1} x}}{\sqrt{1-x^2}}$

2. (1) $\dfrac{24}{11}\sqrt[6]{x}^{11}+C$ (2) $\dfrac{2}{7}\sqrt{x}^{7}-\log|x|-\dfrac{2}{\sqrt{x}}+C$

(3) $\log|x-3|+C$ (4) $2\sqrt{x+4}+C$

(5) $\dfrac{1}{3}e^{3x}-\dfrac{1}{4}e^{-4x}+C$ (6) $-4\cos\dfrac{x}{4}+\sin 3x+C$

(7) $\dfrac{1}{6}\log\left|\dfrac{x-3}{x+3}\right|+C$ (8) $\log|x+\sqrt{x^2+2}|+C$

(9) $\dfrac{1}{2}\left(x\sqrt{9-x^2}+9\sin^{-1}\dfrac{x}{3}\right)+C$

(10) $\dfrac{1}{2}\left(x\sqrt{x^2-3}-3\log|x+\sqrt{x^2-3}|\right)+C$

(11) $\sqrt{x^2+3}+C$ (12) $\dfrac{1}{2}\log|x^2-2|+C$

練習問題 0

§1 微分方程式と解，変数分離形微分方程式

数量が変化する様子を調べるために関数を用いた．未知の変化を探るには未知の関数を考える．つまり関数の方程式を作り，それを解けば新しい変化の様子がわかる．ここでは関数方程式の一種である微分方程式を導入する．そして積分を用いて変数分離形などの微分方程式を解く．

1.1 微分方程式

微分方程式とは何かを見ていく．まず代数方程式と比較する．

未知数 x とその累乗 $x^2, x^3, \cdots$ を含む方程式を**代数方程式**という．ある数値 a で方程式が成り立つならば，数値 a を代数方程式の**解**という．方程式が最高で未知数の n 乗 x^n を含むならば n 次といい，これを**次数**という．

例1 代数方程式と解を見る．

(1) 1次方程式
$$2x - 6 = 0 \quad \text{ならば解は} \quad x = 3$$

(2) 2次方程式
$$x^2 - 3x + 2 = 0 \quad \text{ならば解は} \quad x = 1, 2$$

変数 x と未知関数 y（$y(x)$ とも書く）とその導関数 $y', y'', \cdots$ を含む方程式を（**常**）**微分方程式**という．変数 x のある関数 $f(x)$ で方程式が成り立つならば，関数 $f(x)$ を微分方程式の**解**という．方程式が最高で未知関数の n 次導関数 $y^{(n)}$ を含むならば n 階といい，これを**階数**という．

例2 微分方程式と解を見る．

(1) 1階微分方程式
$$2y' - 6y = 0 \quad \text{ならば解は} \quad y = Ce^{3x} \quad (C \text{ は定数})$$

(2) 2階微分方程式
$$y'' - 3y' + 2y = 0 \quad \text{ならば解は} \quad y = C_1 e^x + C_2 e^{2x}$$
$$(C_1, C_2 \text{ は定数})$$

1.2 微分方程式の解

微分方程式を作り，解の形を見る．

例3 微分方程式を作る．

(1) 100 m を一定の速度 10 m/秒で走る．x 秒間に y m の距離を走ると，速度は y' と表せる．よって次の1階微分方程式が成り立つ．
$$y' = 10$$

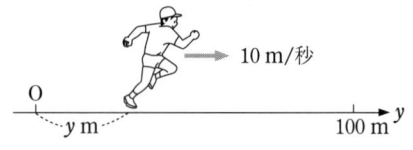

図 1.1 100 m 走と微分方程式．

(2) 地上で物体を離すと一定の加速度およそ $10\,\mathrm{m/秒^2}$ で落下する. x 秒間に $y\,\mathrm{m}$ の距離を落下すると, 加速度は y'' と表せる. よって次の 2 階微分方程式が成り立つ.
$$y'' = 10$$

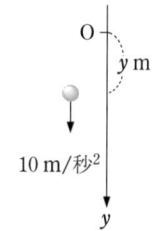

図 **1.2** 物体の落下と微分方程式.

例 4 例 3 (1) の微分方程式を積分して解く.
$$y' = 10$$
両辺を変数 x で積分すると解 y が求まる.
$$y = \int 10\,dx = 10x + C$$
時刻 0 で原点 O を出発すると, 次の条件が成り立つ.
$$x = 0, \quad y = 0$$
これを解 y の式に代入すると定数 C の値が決まる.
$$0 = 0 + C = C$$
よって $100\,\mathrm{m}$ 走を表す解は
$$y = 10x$$

● **微分方程式の解の意味と記号**

一般の微分方程式と解について考える.

n 階の微分方程式を解くには n 回積分するので, n 個の定数 (**任意定数**) $C_1, C_2, \cdots$ が現れる. 任意定数を含む解を **一般解** という. 任意定数に数値を代入した解を **特殊解** という. その際, ある数値 x_0 に対して関数 $y, y', \cdots$ の値を与えて (**初期条件**), 任意定数の値を決める.

$$\text{方程式}\,(x, y, y', y'', \cdots \text{の式}) \xrightarrow{\text{解く}} \text{一般解}\,(x, y, C_1, C_2, \cdots \text{の式})$$

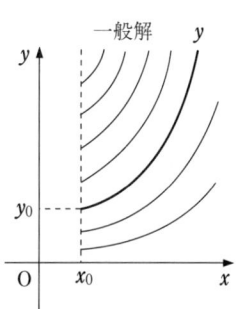

図 **1.3** 一般解と初期条件を満たす特殊解 y.

まず微分方程式 $y' = f(x),\ y'' = g(x)$ などは積分を用いて解く.

> **例題 1.1** 積分して解け. また初期条件を満たす特殊解を求めよ.
> $$y'' = 10 \quad (x = 0,\ y = 0,\ y' = 0)$$

解 微分方程式の両辺を 2 回積分して一般解を求める. 初期条件を用いて任意定数の値を決め, 特殊解を求める.
$$y' = \int 10\,dx = 10x + C_1$$
よって一般解は

$$y = \int (10x + C_1)\, dx = 5x^2 + C_1 x + C_2$$

初期条件より，一般解とその導関数から

$$0 = 0 + C_1 = C_1, \quad 0 = 0 + C_2 = C_2$$

よって特殊解は

$$y = 5x^2$$

問 1.1 積分して解け．また初期条件を満たす特殊解を求めよ．

(1) $y' = x + 1 \quad (x = 0,\ y = 1)$

(2) $y' = e^{2x} \quad (x = 1,\ y = e^2)$

(3) $y'' = x^2 + x \quad (x = 0,\ y = 1,\ y' = 2)$

(4) $y'' = \sin 3x \quad \left(x = \pi,\ y = 1,\ y' = \dfrac{1}{3}\right)$

注意 1　任意定数の順序は自由である．たとえば例題 1.1 の一般解では $y = 5x^2 + C_2 x + C_1$ と書いてもよい．

注意 2　一般解でも特殊解でもない解が現れることもある．これを特異解という．

$$(y')^2 - 4xy' + 4y = 0 \qquad \text{ならば} \qquad \begin{cases} y = Cx - \dfrac{1}{4}C^2 & \text{(一般解)} \\ y = x^2 & \text{(特異解)} \end{cases}$$

1.3 変数分離形微分方程式

変数分離形の微分方程式を解く．

$$y' = \frac{dy}{dx} = f(x)g(y) \quad (f(x)\text{ は } x \text{ の式},\ g(y) \text{ は } y \text{ の式})$$

ならば**変数分離形**の微分方程式という．

例 5　変数分離形の微分方程式を見る．

(1) $y' = -\dfrac{x}{y} = -x\dfrac{1}{y}$

(2) $y' = xy + x + y + 1 = (x+1)(y+1)$

(3) $x(y^2+1) - y(x^2+1)y' = 0$

$$y' = \frac{x(y^2+1)}{y(x^2+1)} = \frac{x}{x^2+1}\frac{y^2+1}{y}$$

例 6　変数分離形でない微分方程式を見る．

(1) $xy' - y = x^2$

$$y' = \frac{x^2 + y}{x} \quad (x^2 + y \text{ を含む})$$

(2) $y + (x + 2y)y' = 0$

$$y' = -\frac{y}{x + 2y} \quad (x + 2y \text{ を含む})$$

変数分離形の微分方程式は次のようにして解く．

公式 1.1　変数分離形微分方程式の解法

$$\frac{dy}{dx} = f(x)g(y)$$

ならば x の式 $f(x)$ を右辺に，y の式 $g(y)$ を左辺に分けてから積分する．

$$\frac{1}{g(y)} dy = f(x)\, dx$$

$$\int \frac{1}{g(y)} dy = \int f(x)\, dx$$

[解説] 2つの変数を左辺と右辺に分けて（変数分離して），積分すると解が求まる．

例題 1.2　公式 1.1 を用いて解け．

(1)　$y' = -\dfrac{x}{y}$　　(2)　$y' = xy + x + y + 1$

[解]　$\dfrac{dy}{dx} = f(x)g(y)$ に変形してから，変数を分けて積分する．

(1)　$\dfrac{dy}{dx} = -\dfrac{x}{y}$

$y\, dy = -x\, dx$

$\int y\, dy = -\int x\, dx$

$\dfrac{1}{2} y^2 = -\dfrac{1}{2} x^2 + C$

$x^2 + y^2 = 2C = C_1$

(2)　$\dfrac{dy}{dx} = (x+1)(y+1)$

$\dfrac{1}{y+1} dy = (x+1)\, dx$

$\int \dfrac{1}{y+1} dy = \int (x+1)\, dx$

$\log(y+1) = \dfrac{1}{2} x^2 + x + C$

$y + 1 = e^{\frac{1}{2}x^2 + x + C} = e^{\frac{1}{2}x^2 + x} e^C$

$y = C_1 e^{\frac{1}{2}x^2 + x} - 1 \quad (C_1 = e^C)$

問 1.2　公式 1.1 を用いて解け．

(1)　$y' = \dfrac{x}{y^2}$　　(2)　$y' = xy^2$　　(3)　$xyy' = 1$

(4)　$x^2 y' = y$　　(5)　$xy' = y$　　(6)　$y' = x^2 y - x^2 - y + 1$

注意1 任意定数は階数だけ書く．たとえば例題 1.2 (1) では
$$\frac{1}{2}y^2+C_1 = -\frac{1}{2}x^2+C_2$$
としないで，定数 C_1 を移項して $C_2-C_1=C$ とまとめる．また任意定数はなるべく単純な式で書く．$2C=C_1$，$e^C=C_1$ などと書きかえる．

注意2 例題 1.2 (2) で正確には次式が成り立つ．しかし，ここでは式を単純にするために絶対値を略す．
$$\int \frac{1}{y+1}\,dy = \log|y+1| + C$$

練習問題 1

1. 積分して解け．また初期条件を満たす特殊解を求めよ．

(1) $y' = \dfrac{1}{x}$ $\quad (x=1,\ y=1)$

(2) $y' = \sqrt{x}$ $\quad (x=1,\ y=2)$

(3) $y'' = \dfrac{1}{e^x}$ $\quad (x=0,\ y=1,\ y'=1)$

(4) $y'' = \cos 2x$ $\quad \left(x=\dfrac{\pi}{2},\ y=\pi,\ y'=2\right)$

(5) $y''' = x$ $\quad (x=0,\ y=1,\ y'=2,\ y''=3)$

(6) $y''' = \dfrac{1}{x^3}$ $\quad \left(x=1,\ y=\dfrac{3}{2},\ y'=-\dfrac{1}{2},\ y''=\dfrac{1}{2}\right)$

(7) $y''' = \dfrac{1}{\sqrt{x}^3}$ $\quad (x=1,\ y=0,\ y'=0,\ y''=0)$

(8) $y''' = \sqrt{e^{-6x}}$ $\quad \left(x=0,\ y=\dfrac{1}{9},\ y'=\dfrac{1}{3},\ y''=1\right)$

2. 公式 1.1 を用いて解け．

(1) $2yy' = 3x^2$ \qquad (2) $(x-1)y' - y - 1 = 0$

(3) $(xy^2 - y^2 + x - 1)y' = 1$ \qquad (4) $x(y^2+1) - y(x^2+1)y' = 0$ （公式 0.5 (18)）

(5) $y' = \dfrac{x+1}{y-1}$ \qquad (6) $y' = \sqrt{\dfrac{y+2}{x+2}}$

(7) $y' = e^{y-x}$ \qquad (8) $y' = \dfrac{\sin x}{\cos y}$

(9) $(x^2+4)y' = y^2+1$ \qquad (10) $y' = \dfrac{\sqrt{y}}{x+3}$

(11) $y' = \sqrt{\dfrac{4-y^2}{1-x^2}}$ \qquad (12) $y' = \dfrac{y+2}{x^2+1}$

解答

問 1.1 (1) $y = \dfrac{1}{2}x^2 + x + C$, $\quad y = \dfrac{1}{2}x^2 + x + 1$

(2) $y = \dfrac{1}{2}e^{2x} + C$, $\quad y = \dfrac{1}{2}(e^{2x} + e^2)$

(3) $y = \dfrac{1}{12}x^4 + \dfrac{1}{6}x^3 + C_1 x + C_2$, $\quad y = \dfrac{1}{12}x^4 + \dfrac{1}{6}x^3 + 2x + 1$

(4) $y = -\dfrac{1}{9}\sin 3x + C_1 x + C_2$, $\quad y = -\dfrac{1}{9}\sin 3x + 1$

問 1.2 (1) $2y^3 = 3x^2 + C$ $\quad$ (2) $-\dfrac{1}{y} = \dfrac{1}{2}x^2 + C$ または $y = -\dfrac{2}{x^2 + C}$

(3) $y^2 = 2\log x + C$ $\quad$ (4) $\log y = -\dfrac{1}{x} + C$ または $y = Ce^{-\frac{1}{x}}$

(5) $\log y = \log x + C$ または $y = Cx$

(6) $\log(y-1) = \dfrac{1}{3}x^3 - x + C$ または $y = Ce^{\frac{1}{3}x^3 - x} + 1$

練習問題 1

1. (1) $y = \log x + C$, $\quad y = \log x + 1$

(2) $y = \dfrac{2}{3}\sqrt{x}^3 + C$, $\quad y = \dfrac{2}{3}\sqrt{x}^3 + \dfrac{4}{3}$

(3) $y = e^{-x} + C_1 x + C_2$, $\quad y = e^{-x} + 2x$

(4) $y = -\dfrac{1}{4}\cos 2x + C_1 x + C_2$, $\quad y = -\dfrac{1}{4}\cos 2x + 2x - \dfrac{1}{4}$

(5) $y = \dfrac{1}{24}x^4 + \dfrac{C_1}{2}x^2 + C_2 x + C_3$, $\quad y = \dfrac{1}{24}x^4 + \dfrac{3}{2}x^2 + 2x + 1$

(6) $y = \dfrac{1}{2}\log x + \dfrac{C_1}{2}x^2 + C_2 x + C_3$, $\quad y = \dfrac{1}{2}\log x + \dfrac{1}{2}x^2 - 2x + 3$

(7) $y = -\dfrac{8}{3}\sqrt{x}^3 + \dfrac{C_1}{2}x^2 + C_2 x + C_3$, $\quad y = -\dfrac{8}{3}\sqrt{x}^3 + x^2 + 2x - \dfrac{1}{3}$

(8) $y = -\dfrac{1}{27}e^{-3x} + \dfrac{C_1}{2}x^2 + C_2 x + C_3$,

$y = -\dfrac{1}{27}e^{-3x} + \dfrac{2}{3}x^2 + \dfrac{2}{9}x + \dfrac{4}{27}$

2. (1) $y^2 = x^3 + C$

(2) $\log(y+1) = \log(x-1) + C$ または $y = C(x-1) - 1$

(3) $y^3 + 3y = 3\log(x-1) + C$

(4) $\log(y^2 + 1) = \log(x^2 + 1) + C$ または $y^2 = C(x^2 + 1) - 1$

(5) $y^2 - x^2 - 2y - 2x = C$ $\quad$ (6) $\sqrt{y+2} - \sqrt{x+2} = C$

(7) $e^{-x} - e^{-y} = C$ $\quad$ (8) $\sin y + \cos x = C$

(9) $2\tan^{-1} y - \tan^{-1}\dfrac{x}{2} = C$

(10) $2\sqrt{y} - \log(x+3) = C$ $\quad$ (11) $\sin^{-1}\dfrac{y}{2} = \sin^{-1} x + C$

(12) $\log(y+2) - \tan^{-1} x = C$

§2 同次形微分方程式

変数分離形に直せる微分方程式を考える．ここでは同次形と準同次形の微分方程式に取り組む．

2.1 同次形微分方程式

同次形の微分方程式を解く．
$$y' = f\left(\frac{y}{x}\right) \quad \left(\text{右辺は}\frac{y}{x}\text{の式}\right)$$
ならば**同次形**の微分方程式という．

例1 同次形の微分方程式を見る．

(1) $(x+y)y' = y$
$$y' = \frac{y}{x+y} = \frac{\frac{y}{x}}{1+\frac{y}{x}}$$

(2) $x^2 y' = xy + y^2$
$$y' = \frac{xy+y^2}{x^2} = \frac{y}{x} + \frac{y^2}{x^2} = \frac{y}{x} + \left(\frac{y}{x}\right)^2$$

(3) $xy' + \sqrt{x^2+y^2} = 0$
$$y' = -\frac{\sqrt{x^2+y^2}}{x} = -\sqrt{1+\frac{y^2}{x^2}} = -\sqrt{1+\left(\frac{y}{x}\right)^2}$$

例2 同次形でない微分方程式を見る．

(1) $xy' - y = x^2$
$$y' = \frac{x^2+y}{x} = x + \frac{y}{x} \quad (x \text{ を含む})$$

(2) $(x+1)y' = x+y+1$
$$y' = \frac{x+y+1}{x+1} = \frac{1+\frac{y}{x}+\frac{1}{x}}{1+\frac{1}{x}} \quad \left(\frac{1}{x} \text{ を含む}\right)$$

同次形の微分方程式は次のようにして解く．

公式 2.1　同次形微分方程式の解法

$$y' = f\left(\frac{y}{x}\right)$$

ならば $u = \dfrac{y}{x}$ とおき $y' = u'x+u$ を代入すると，変数分離形（公式1.1）になる．

[解説] 変数 y を u におきかえると変数分離形になるので，公式1.1の方法で解が求まる．

例題 2.1 公式2.1を用いて解け．
(1) $(x+y)y' = y$ (2) $x^2 y' = xy + y^2$

[解] 変数 $\dfrac{y}{x}$ の式に直してから $u = \dfrac{y}{x}$，$y' = u'x + u$ とおく．それから変数を分けて積分する．

(1) 両辺を $x+y$ で割って

$$y' = \frac{y}{x+y} = \frac{\dfrac{y}{x}}{1+\dfrac{y}{x}}$$

$$u'x + u = \frac{u}{1+u}$$

$$\frac{du}{dx} = \frac{1}{x}\left(\frac{u}{1+u} - u\right) = \frac{1}{x} \cdot \frac{-u^2}{1+u}$$

これは変数分離形なので公式1.1より

$$-\int \frac{1+u}{u^2} du = \int \frac{1}{x} dx$$

$$-\int \left(\frac{1}{u^2} + \frac{1}{u}\right) du = \int \frac{1}{x} dx$$

$$\frac{1}{u} - \log u = \log x + C$$

$$\frac{x}{y} - \log \frac{y}{x} = \log x + C$$

$$x = y\left(\log \frac{y}{x} + \log x + C\right) = y(\log y + C)$$

(2) 両辺を x^2 で割って

$$y' = \frac{y}{x} + \frac{y^2}{x^2}$$

$$u'x + u = u + u^2$$

$$\frac{du}{dx} = \frac{u^2}{x}$$

これは変数分離形なので公式1.1より

$$\int \frac{1}{u^2}\,du = \int \frac{1}{x}\,dx$$

$$-\frac{1}{u} = \log x + C$$

$$-\frac{x}{y} = \log x + C$$

$$y = -\frac{x}{\log x + C}$$

問 2.1 公式 2.1 を用いて解け．

(1) $xy' = y - 2x$ (2) $y + (2y - x)y' = 0$

(3) $(xy - x^2)y' = y^2$ (4) $(x^2 - y^2)y' - xy = 0$

2.2 準同次形微分方程式

同次形に直せる微分方程式を解く．

公式 2.2 準同次形微分方程式の解法

$$y' = f\left(\frac{ax+by+p}{cx+dy+q}\right) \quad \left(\text{右辺は } \frac{ax+by+p}{cx+dy+q} \text{ の式}\right)$$

ならば準同次形の微分方程式という．このとき次が成り立つ．

(1) $\begin{vmatrix} a & b \\ c & d \end{vmatrix} \neq 0$ ならば $\begin{cases} ax+by+p=0 \\ cx+dy+q=0 \end{cases}$ の解を $\begin{cases} x=\alpha \\ y=\beta \end{cases}$ とし，

$\begin{cases} X = x-\alpha \\ Y = y-\beta \end{cases}$ とおくと同次形（公式 2.1）になる．

(2) $\begin{vmatrix} a & b \\ c & d \end{vmatrix} = 0$ ならば $z = ax+by$ または $z = cx+dy$

とおくと変数分離形（公式 1.1）になる．

解説 (1)では変数 x, y を X, Y におきかえると同次形になるので，公式 2.1 の方法で解が求まる．(2)では変数 y を z におきかえると変数分離形になるので，公式 1.1 の方法で解が求まる．

例題 2.2 公式 2.1, 2.2 を用いて解く．

(1) $(x+1)y' = x+y+1$ (2) $(x+y+2)y' = x+y-2$

解 (1)では変数を $x = X-1$, $y = Y$ とおきかえる．次に変数 $\frac{Y}{X}$ の式に直してから $U = \frac{Y}{X}$, $Y' = U'X + U$ とおく．それから変数を分けて積分する．(2)では変数を $z = x+y$ とおきかえる．それから変数を分けて積分する．

(1) 両辺を $x+1$ で割って

$$\frac{dy}{dx} = \frac{x+y+1}{x+1} \quad \text{①}$$

$$\begin{vmatrix} 1 & 1 \\ 1 & 0 \end{vmatrix} = -1$$

$$\begin{cases} x+y+1=0 \\ x+1=0 \end{cases}, \quad \begin{cases} x=-1 \\ y=0 \end{cases}$$

$$\begin{cases} X=x+1 \\ Y=y \end{cases} \text{とおくと} \quad \begin{cases} x=X-1 \\ y=Y \end{cases}, \quad \begin{cases} dx=(X-1)'\,dX=dX \\ dy=Y'\,dY=dY \end{cases}$$

① に代入して

$$\frac{dY}{dX} = \frac{X+Y}{X} = 1+\frac{Y}{X}$$

これは同次形なので公式 2.1 より

$$U=\frac{Y}{X}, \qquad Y'=U'X+U$$

$$U'X+U = 1+U$$

$$\frac{dU}{dX} = \frac{1}{X}$$

これは変数分離形なので公式 1.1 より

$$\int dU = \int \frac{1}{X}\,dX$$

$$U = \log X + C$$

$$\frac{Y}{X} = \log X + C$$

$$Y = X(\log X + C)$$

$$y = (x+1)\{\log(x+1)+C\}$$

(2) 両辺を $x+y+2$ で割って

$$\frac{dy}{dx} = \frac{x+y-2}{x+y+2} \quad \text{②}$$

$$\begin{vmatrix} 1 & 1 \\ 1 & 1 \end{vmatrix} = 0$$

$z=x+y$ とおくと $y=z-x$, $\dfrac{dy}{dx} = \dfrac{dz}{dx}-1$

② に代入して

$$\frac{dz}{dx}-1 = \frac{z-2}{z+2}$$

$$\frac{dz}{dx} = \frac{z-2}{z+2}+1 = \frac{2z}{z+2}$$

これは変数分離形なので公式 1.1 より

$$\int \frac{z+2}{2z}\,dz = \int dx$$

$$\int \left(\frac{1}{2}+\frac{1}{z}\right) dz = \int dx$$

$$\frac{1}{2}z + \log z = x + C$$

$$\frac{1}{2}(x+y) + \log(x+y) = x + C$$

$$\frac{1}{2}(y-x) + \log(x+y) = C$$

問 2.2 公式 2.1, 2.2 を用いて解け.

(1) $(x-y+1)y' = y-1$ (2) $(-x+y+1)y' = x-y+1$

練習問題 2

1. 公式 2.1 を用いて解け.

(1) $xyy' = x^2 + y^2$ (2) $(x+y)(y-xy') = x^2$

(3) $xy' - y + \sqrt{x^2 - y^2} = 0$

(4) $2(xy - 2y^2)y' + 2x^2 + y^2 = 0$ （公式 0.5 (18)）

(5) $yy' = 2x - y$

$$\left(\int \frac{x}{x^2+x-2}\,dx = \frac{1}{3}\log(x-1) + \frac{2}{3}\log(x+2) + C\right)$$

(6) $(2x-y)(x+yy') = 2x^2$

$$\left(\int \frac{x-2}{(x-1)^2}\,dx = \log(x-1) + \frac{1}{x-1} + C\right)$$

(7) $(x+y) - (x-y)y' = 0$

$$\left(\int \frac{x-1}{x^2+1}\,dx = \frac{1}{2}\log(x^2+1) - \tan^{-1} x + C\right)$$

(8) $xy' + \sqrt{x^2 + y^2} = 0$

$$\left(\int \frac{1}{x+\sqrt{1+x^2}}\,dx = \frac{1}{2}\left\{-x^2 + x\sqrt{1+x^2} + \log\left(x+\sqrt{1+x^2}\right)\right\} + C\right)$$

2. 公式 2.1, 2.2 を用いて解け.

(1) $x + 2y + 1 - (2x - y + 2)y' = 0$

$$\left(\int \frac{x-2}{x^2+1}\,dx = \frac{1}{2}\log(x^2+1) - 2\tan^{-1} x + C\right)$$

(2) $(2x + y + 2)y' = x + 2y - 2$

$$\left(\int \frac{x+2}{x^2-1}\,dx = \frac{1}{2}\log(x^2-1) + \log\frac{x-1}{x+1} + C\right)$$

(3) $2x + 4y - 1 + (x + 2y + 1)y' = 0$

$$\left(\int \frac{x+1}{x-1}\,dx = x+2\log(x-1)+C\right)$$

(4) $(2x-4y-1)y' = x-2y+1$

(5) $2(y-1)^2 + (x-y-1)^2 y' = 0$

$$\left(\int \frac{(x-1)^2}{x(x^2+1)}\,dx = \log x - 2\tan^{-1}x + C\right)$$

(6) $(y-x-1)^2 y' = (y-x)^2$

$$\left(\int \frac{(x-1)^2}{2x-1}\,dx = \frac{1}{4}x^2 - \frac{3}{4}x + \frac{1}{8}\log(2x-1) + C\right)$$

解答

問 2.1 (1) $y = x(C - 2\log x)$

(2) $\log\dfrac{y}{x} + \dfrac{x}{2y} + \log x = C$ または $x = 2y(C - \log y)$

(3) $\dfrac{y}{x} - \log\dfrac{y}{x} - \log x = C$ または $y = x(\log y + C)$

(4) $\log\dfrac{y}{x} + \dfrac{x^2}{2y^2} + \log x = C$ または $x^2 = 2y^2(C - \log y)$

問 2.2 (1) $\log\dfrac{y-1}{x} + \dfrac{x}{y-1} + \log x = C$ または $x = (y-1)\{C - \log(y-1)\}$

(2) $x + y + \log(x-y) = C$

練習問題 2

1. (1) $y^2 = 2x^2(\log x + C)$

(2) $y^2 + 2xy = 2x^2(C - \log x)$

(3) $\sin^{-1}\dfrac{y}{x} + \log x = C$

(4) $\dfrac{1}{3}\log\left(4\dfrac{y^3}{x^3} - 3\dfrac{y^2}{x^2} - 2\right) + \log x = C$ または $4y^3 - 3xy^2 - 2x^3 = C$

(5) $\dfrac{1}{3}\log\left(\dfrac{y}{x} - 1\right) + \dfrac{2}{3}\log\left(\dfrac{y}{x} + 2\right) + \log x = C$ または

$(y-x)(y+2x)^2 = C$

(6) $\log\left(\dfrac{y}{x} - 1\right) + \dfrac{x}{y-x} + \log x = C$ または

$\log(y-x) + \dfrac{x}{y-x} = C$

(7) $\dfrac{1}{2}\log\left(1 + \dfrac{y^2}{x^2}\right) - \tan^{-1}\dfrac{y}{x} + \log x = C$ または

$\log(x^2 + y^2) - 2\tan^{-1}\dfrac{y}{x} = C$

(8) $-\dfrac{y^2}{x^2} + \dfrac{y}{x}\sqrt{1 + \dfrac{y^2}{x^2}} + \log\left(\dfrac{y}{x} + \sqrt{1 + \dfrac{y^2}{x^2}}\right) + 2\log x = C$ または

$Cx^2 - y^2 + y\sqrt{x^2 + y^2} + x^2\log(xy + x\sqrt{x^2 + y^2}) = 0$

2. (1) $\log\left\{\dfrac{y^2}{(x+1)^2}+1\right\}-4\tan^{-1}\dfrac{y}{x+1}+2\log(x+1)=C$ または

$\log\{(x+1)^2+y^2\}-4\tan^{-1}\dfrac{y}{x+y}=C$

(2) $\dfrac{1}{2}\log\left\{\dfrac{(y-2)^2}{(x+2)^2}-1\right\}+\log\dfrac{y-x-4}{y+x}+\log(x+2)=C$ または

$(y-x-4)^3=C(y+x)$

(3) $2x+y+\log(x+2y-1)=C$ (4) $(x-2y)^2+2(x+y)=C$

(5) $\log\dfrac{y-1}{x-2}-2\tan^{-1}\dfrac{y-1}{x-2}+\log(x-2)=C$ または

$\log(y-1)-2\tan^{-1}\dfrac{y-1}{x-2}=C$

(6) $2(y-x)^2-6y-2x+\log(2y-2x-1)=C$

§3 完全形微分方程式

変数分離形を広げ，変数 x と y がまざって分離できない微分方程式を考える．ここでは完全形の微分方程式に取り組む．

3.1 完全形微分方程式

完全形の微分方程式を解く．

● **偏微分**

完全形の微分方程式を導入するために，2 変数関数の微分を考える．

2 変数関数 $z = F(x, y)$ は各変数で微分するが，これを**偏微分**という．変数 x で偏微分するときは変数 y を定数をみなし，z_x, $(\ )_x$ などと書く．変数 y で偏微分するときは変数 x を定数とみなし，z_y, $(\ )_y$ などと書く．これらを**偏導関数**という．

$$y' = \frac{dy}{dx} = -\frac{P(x,y)}{Q(x,y)} \quad \text{または} \quad P(x,y)\,dx + Q(x,y)\,dy = 0$$

$$(P(x,y), Q(x,y) \text{ は } x, y \text{ の式})$$

で $P_y(x, y) = Q_x(x, y)$ が成り立つならば，**完全形**の微分方程式（完全微分方程式，全微分方程式など）という．

例 1 完全形の微分方程式を見る．

(1) $(2x+y)\,dx + (x+2y)\,dy = 0$
   $(2x+y)_y = 1 = (x+2y)_x$

(2) $(x^2+y^2)\,dx + 2xy\,dy = 0$
   $(x^2+y^2)_y = 2y = (2xy)_x$

例 2 完全形でない微分方程式を見る．

(1) $(x-y)\,dx + (x+y)\,dy = 0$
   $(x-y)_y = -1, \quad (x+y)_x = 1$

(2) $(1+xy)\,dx + x^2\,dy = 0$
   $(1+xy)_y = x, \quad (x^2)_x = 2x$

[注意] 変数分離形の微分方程式も完全形になる．

$$\frac{dy}{dx} = -\frac{f(x)}{g(y)} \quad \text{または} \quad f(x)\,dx + g(y)\,dy = 0$$

ならば

$$f_y(x) = 0 = g_x(y)$$

● 全微分

完全形の微分方程式を解くために，2変数関数の全微分を導入する．

偏微分では各変数で微分する．一方，すべての変数で微分することを考える．曲面 $z = F(x, y)$ 上の点 A で拡大すると，曲面も接平面 π と同じ平面に見えてくる．2点 P, Q が点 A に近づくと，PB $= z_x\, dx$, QC $= z_y\, dy$ となり，RD $=$ PB$+$QC が成り立つ．線分 RD の長さを dz と書き，**全微分**という．

これより偏微分と全微分の関係は次のようになる．

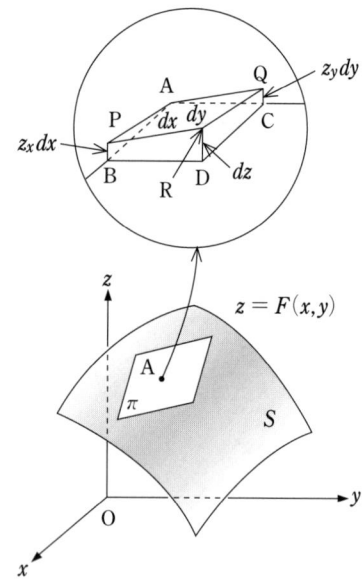

図 3.1 曲面の接平面と偏微分や全微分．

公式 3.1 関数の偏微分と全微分
　2変数関数 $z = F(x, y)$ で全微分 dz は
$$dz = z_x\, dx + z_y\, dy$$

[解説] 各変数による偏導関数 z_x, z_y に微分 dx, dy を掛けてたすと，全微分 dz になる．

例3 　2変数関数の偏微分と全微分を求める．
$$z = x^2 + xy + y^2$$
$$z_x = 2x + y, \quad z_y = x + 2y$$
$$dz = (2x + y)\, dx + (x + 2y)\, dy$$
例1(1) の左辺と等しくなる．

全微分と積分の関係をまとめると次のようになる．
$$z = F(x, y) \underset{\text{積分}}{\overset{\text{微分}}{\rightleftarrows}} dz = F_x(x, y)\, dx + F_y(x, y)\, dy$$
完全形の微分方程式では $F_x(x, y) = P(x, y)$, $F_y(x, y) = Q(x, y)$ とおく．そして全微分の逆をたどり，積分を用いて解く．
$$F(x, y) = 0 \underset{\text{積分}}{\overset{\text{微分}}{\rightleftarrows}} P(x, y)\, dx + Q(x, y)\, dy = 0$$
偏微分の公式 $F_{xy}(x, y) = F_{yx}(x, y)$ は完全形の条件 $P_y(x, y) = Q_x(x, y)$ になる．

完全形の微分方程式は次のようにして解く．

公式 3.2 完全形微分方程式の解法
$$y' = \frac{dy}{dx} = -\frac{P(x, y)}{Q(x, y)} \quad \text{または} \quad P(x, y)\, dx + Q(x, y)\, dy = 0$$
が完全形 $P_y(x, y) = Q_x(x, y)$ ならば，$F_x(x, y) = P(x, y)$, $F_y(x, y) = Q(x, y)$ とおき積分すると解は

$$F(x, y) = 0$$

解説 式 $P(x,y)$ を変数 x で積分し，式 $Q(x,y)$ を変数 y で積分すると，解 $F(x,y)=0$ が求まる．

ここで2変数関数の積分を考える．

2変数関数 $z = f(x,y)$ は各変数で不定積分（積分）する．変数 x で積分するときは変数 y を定数とみなすので，y の式 $C_1(y)$ が現れる．変数 y で積分するときは変数 x を定数とみなすので，x の式 $C_2(x)$ が現れる．

> **例題 3.1** 公式 3.2 を用いて解け．
> (1) $(2x+y)\,dx + (x+2y)\,dy = 0$
> (2) $(x^2+y^2)\,dx + 2xy\,dy = 0$

解 例1(1),(2)より完全形なので，微分 dx の係数を変数 x で積分し，微分 dy の係数を変数 y で積分する．

(1) $F_x = 2x+y,\quad F_y = x+2y$

とおき，積分して両辺の差を計算する．

$$F = \int (2x+y)\,dx = x^2 + xy + C_1(y)$$

$$F = \int (x+2y)\,dy = xy + y^2 + C_2(x)$$

$$0 = x^2 - y^2 + C_1(y) - C_2(x)$$

変数を分離して定数 C とおく．

$$C_2(x) - x^2 = C_1(y) - y^2 = C$$

左辺は x の式で，右辺は y の式である．等式が成り立つのは両辺とも定数のときだけである．

$$C_1(y) = y^2 + C$$
$$F = x^2 + xy + y^2 + C = 0$$

(2) $F_x = x^2 + y^2,\quad F_y = 2xy$

とおき，積分して両辺の差を計算する．

$$F = \int (x^2+y^2)\,dx = \frac{1}{3}x^3 + xy^2 + C_1(y)$$

$$F = \int 2xy\,dy = xy^2 + C_2(x)$$

$$0 = \frac{1}{3}x^3 + C_1(y) - C_2(x)$$

変数を分離して定数 C とおく．

$$C_2(x) - \frac{1}{3}x^3 = C_1(y) = C$$

$$F = \frac{1}{3}x^3 + xy^2 + C = 0$$

問 3.1 公式 3.2 を用いて解け.
(1) $(x+y)\,dx+(x-y)\,dy=0$
(2) $(x^2+2y)\,dx+(y^2+2x)\,dy=0$
(3) $(y+e^x)\,dx+x\,dy=0$
(4) $(y\cos x+1)\,dx+\sin x\,dy=0$

3.2 積分因数

完全形に直せる微分方程式を解く.次に注目する.

完全形の微分方程式の両辺に式を掛けたり,割ったりすると,完全形でなくなる.

例 4 完全形の微分方程式に式を掛ける.
$$(2x+y)\,dx+(x+2y)\,dy=0$$
は例 1(1) より完全形である.両辺に変数 x を掛けると,完全形でない.
$$(2x^2+xy)\,dx+(x^2+2xy)\,dy=0$$
$$(2x^2+xy)_y=x,\quad (x^2+2xy)_x=2x+2y$$

逆に完全形でない微分方程式の両辺に式を掛けて,完全形に直せる場合がある.

公式 3.3 積分因数による解法
$$P(x,y)\,dx+Q(x,y)\,dy=0$$
が完全形でないならば,式(**積分因数**)$R(x,y)$ を掛けて
$$R(x,y)P(x,y)\,dx+R(x,y)Q(x,y)\,dy=0$$
を完全形(公式 3.2)にする.

[解説] 完全形でない微分方程式の両辺に積分因数を掛けると完全形になるので,公式 3.2 の方法で解が求まる.

例 5 積分因数を掛けて完全形にする.
(1) $(2x^2+y^2)\,dx+xy\,dy=0$
$$(2x^2+y^2)_y=2y,\quad (xy)_x=y$$
より完全形でない.両辺に積分因数 $2x$ を掛けると
$$(4x^3+2xy^2)\,dx+2x^2y\,dy=0$$
$$(4x^3+2xy^2)_y=4xy=(2x^2y)_x$$
より完全形になる.
(2) $(1+xy)\,dx+x^2\,dy=0$
$$(1+xy)_y=x,\quad (x^2)_x=2x$$
より完全形でない.両辺に積分因数 $\dfrac{1}{x}$ を掛けると

$$\left(\frac{1}{x}+y\right)dx+x\,dy=0$$

$$\left(\frac{1}{x}+y\right)_y=1=(x)_x$$

より完全形になる．

> **例題 3.2** 括弧内の積分因数と公式 3.2, 3.3 を用いて解け．
> (1) $(2x^2+y^2)\,dx+xy\,dy=0$ $(2x)$
> (2) $(1+xy)\,dx+x^2\,dy=0$ $\left(\dfrac{1}{x}\right)$

解 例 5 (1), (2) より積分因数を掛けて完全形に直す．それから微分 dx の係数を変数 x で積分し，微分 dy の係数を変数 y で積分する．

(1) 積分因数 $2x$ を掛けて
$$(4x^3+2xy^2)\,dx+2x^2y\,dy=0$$
$$F_x=4x^3+2xy^2,\quad F_y=2x^2y$$

とおき，積分して両辺の差を計算する．
$$F=\int(4x^3+2xy^2)\,dx=x^4+x^2y^2+C_1(y)$$
$$F=\int 2x^2y\,dy=x^2y^2+C_2(x)$$
$$0=x^4+C_1(y)-C_2(x)$$

変数を分離して定数 C とおく．
$$C_2(x)-x^4=C_1(y)=C$$
$$F=x^4+x^2y^2+C=0$$

(2) 積分因数 $\dfrac{1}{x}$ を掛けて
$$\left(\frac{1}{x}+y\right)dx+x\,dy=0$$
$$F_x=\frac{1}{x}+y,\quad F_y=x$$

とおき，積分して両辺の差を計算する．
$$F=\int\left(\frac{1}{x}+y\right)dx=\log x+xy+C_1(y)$$
$$F=\int x\,dy=xy+C_2(x)$$
$$0=\log x+C_1(y)-C_2(x)$$

変数を分離して定数 C とおく．
$$C_2(x)-\log x=C_1(y)=C$$
$$F=\log x+xy+C=0$$

問 3.2　括弧内の積分因数と公式 3.2, 3.3 を用いて解け．

(1)　$(4x+3y)\,dx+x\,dy = 0$　(x^2)

(2)　$(2xy+y^2)\,dx+(2x^2+3xy)\,dy = 0$　(y)

(3)　$(x^2-y)\,dx+x\,dy = 0$　$\left(\dfrac{1}{x^2}\right)$

(4)　$(1+e^{x-y})\,dx+x\,dy = 0$　(e^y)

練習問題 3

1. 公式 3.2 を用いて解け．

(1)　$(x-y)\,dx-(x+y)\,dy = 0$　　(2)　$(x^2-y^2)\,dx-2xy\,dy = 0$

(3)　$\left(\dfrac{x}{y}+1\right)dx-\dfrac{x^2}{2y^2}\,dy = 0$　　(4)　$\sqrt{xy}\,dx+\left(\dfrac{\sqrt{x}^3}{3\sqrt{y}}+y\right)dy = 0$

(5)　$(y+2xe^y)\,dx+(x+x^2e^y)\,dy = 0$

(6)　$(\cos x+\sin y)\,dx+x\cos y\,dy = 0$

(7)　$\dfrac{y}{x}\,dx+(\log x+y)\,dy = 0$

(8)　$\left(\dfrac{y^2}{x^2+1}+x\right)dx+2y\tan^{-1}x\,dy = 0$

2. 括弧内の積分因数と公式 3.2, 3.3 を用いて解け．

(1)　$(3y+4xy)\,dx+(x+x^2)\,dy = 0$　(x^2)

(2)　$(3y^2+4xy)\,dx+(3x^2+4xy)\,dy = 0$　(x^2y^2)

(3)　$(x^2-y^2)\,dx+2xy\,dy = 0$　$\left(\dfrac{1}{x^2}\right)$

(4)　$(x^2y-y^3)\,dx+(xy^2-x^3)\,dy = 0$　$\left(\dfrac{1}{x^2y^2}\right)$

(5)　$(1+xy)\,dx+x^2\,dy = 0$　(e^{xy})

$\left(\displaystyle\int xe^{ax}\,dx = \dfrac{1}{a}xe^{ax}-\dfrac{1}{a^2}e^{ax}+C\right)$

(6)　$(y\sin x+xy\cos x)\,dx+2x\sin x\,dy = 0$　(y)

$\left(\displaystyle\int x\cos x\,dx = x\sin x+\cos x+C\right)$

(7)　$(y^2+xy\log y)\,dx+(x^2+xy\log x)\,dy = 0$　$\left(\dfrac{1}{xy}\right)$

(8)　$(x-y)\,dx+(x+y)\,dy = 0$　$\left(\dfrac{1}{x^2+y^2}\right)$

$\left(\text{公式 0.5 (11) と}\displaystyle\int\dfrac{x}{x^2+a^2}\,dx = \dfrac{1}{2}\log(x^2+a^2)+C\right)$

解答

問 3.1 (1) $x^2+2xy-y^2+C=0$ (2) $x^3+6xy+y^3+C=0$
(3) $xy+e^x+C=0$ (4) $y\sin x+x+C=0$

問 3.2 (1) $x^4+x^3y+C=0$ (2) $x^2y^2+xy^3+C=0$
(3) $x^2+y+Cx=0$ (4) $xe^y+e^x+C=0$

練習問題 3

1. (1) $x^2-2xy-y^2+C=0$ (2) $x^3-3xy^2+C=0$

(3) $x^2+2xy+Cy=0$ (4) $4\sqrt{x^3y}+3y^2+C=0$

(5) $xy+x^2e^y+C=0$ (6) $\sin x+x\sin y+C=0$

(7) $2y\log x+y^2+C=0$ (8) $2y^2\tan^{-1}x+x^2+C=0$

2. (1) $x^3y+x^4y+C=0$ (2) $x^3y^4+x^4y^3+C=0$

(3) $x^2+y^2+Cx=0$ (4) $x^2+y^2+Cxy=0$

(5) $xe^{xy}+C=0$ (6) $xy^2\sin x+C=0$

(7) $y\log x+x\log y+C=0$

(8) $\tan^{-1}\dfrac{y}{x}+\dfrac{1}{2}\log(x^2+y^2)+C=0$ または

$\tan^{-1}\dfrac{y}{x}+\log\sqrt{x^2+y^2}+C=0$

§4　1階線形微分方程式

具体的に解ける微分方程式の中で，最も応用が広い方程式を考える．ここでは線形の微分方程式を導入し，1階の線形微分方程式に取り組む．

4.1　線形微分方程式

まず線形の微分方程式とは何かを見ていく．

微分方程式が未知関数 y とその導関数 $y', y'', \cdots$ について1次式である（y^2, $(y')^2, \cdots, yy', yy'', \cdots$ などを含まない）ならば，**線形**の微分方程式という．すなわち，次の方程式になる．

$$p_n(x)y^{(n)} + p_{n-1}(x)y^{(n-1)} + \cdots + p_1(x)y' + p_0(x)y = f(x)$$

係数 $p_0(x), \cdots, p_n(x)$ が変数 x の式ならば，**変数係数**の線形微分方程式という．また，係数が変数 x を含まず定数 $p_0, \cdots, p_n$ ならば**定数係数**の線形微分方程式という．右辺が $f(x) = 0$ ならば**同次**（斉次）な線形微分方程式という．

例1　線形の微分方程式を見る．

(1) $y' + y = 0$ 　　　　（1階，定数係数，同次）

(2) $xy' - y = x^2$ 　　　（1階，変数係数，非同次）

(3) $y'' - 3y' + 2y = e^x$ 　（2階，定数係数，非同次）

例2　線形でない（非線形の）微分方程式を見る．

(1) $y' + y^2 = 0$ 　　　（y^2 を含む）

(2) $y' - \dfrac{1}{x}e^y = 1$ 　　（e^y を含む）

(3) $y'' + xyy' = e^x$ 　　（yy' を含む）

注意　非線形の微分方程式では，右辺が 0 でも同次といわない．

4.2　定数係数1階同次線形微分方程式

定数係数の1階同次線形微分方程式を解く．

$$py' + qy = 0 \quad (p, q \text{ は定数})$$

ならば**定数係数1階同次線形微分方程式**という．

定数係数の1階同次線形微分方程式を解くには，指数関数を用いる．指数関数 $y = e^{hx}$（h は定数）を方程式に代入すると

$$p(e^{hx})' + qe^{hx} = phe^{hx} + qe^{hx} = (ph+q)e^{hx} = 0$$

$e^{hx} \neq 0$ より

$$ph + q = 0, \quad h = -\frac{q}{p}$$

よって関数 $y = e^{-\frac{q}{p}x}$ は解である．実は関数 $y = Ce^{-\frac{q}{p}x}$（C は定数）も解（一

般解）になる．

ここで新しい微分記号 D を導入する．
$$y' = Dy, \quad y'' = D^2 y, \quad y''' = D^3 y, \quad \cdots$$
微分 D の式を $P(D)$ と書くと，微分の性質
$$D\{kf(x)\} = kDf(x) \quad (k \text{ は定数})$$
$$D\{f(x)+g(x)\} = Df(x)+Dg(x)$$
より次が成り立つ．

> **公式 4.1** 関数の定数倍と和と微分の式，k は定数
> (1) $P(D)\{kf(x)\} = kP(D)f(x)$
> (2) $P(D)\{f(x)+g(x)\} = P(D)f(x)+P(D)g(x)$

[解説] (1) では定数を外に出し，(2) では関数の和を分けて微分する．

定数係数の 1 階同次線形微分方程式は次のようにして解く．

> **公式 4.2** 定数係数 1 階同次線形微分方程式の解法
> $$py' + qy = 0$$
> ならば
> $$(pD+q)y = 0$$
> 微分 D の式を文字 h の式に直して 0 とおき，**特性方程式**という．
> $$ph + q = 0$$
> これを解いて**特性解**という．
> $$h = -\frac{q}{p}$$
> このとき
> $$y = Ce^{-\frac{q}{p}x}$$

[解説] 微分方程式を微分 D の式で表し，特性方程式を作る．それを解いて特性解を計算すれば，微分方程式の解が求まる．

> **例題 4.1** 公式 4.2 を用いて解け．
> (1) $y' + y = 0$ (2) $5y' - 2y = 0$

[解] 微分方程式から特性方程式を作り，特性解を計算する．

(1) $(D+1)y = 0$

$h + 1 = 0, \quad h = -1$

$y = Ce^{-x}$

(2) $(5D-2)y = 0$

$5h - 2 = 0, \quad h = \dfrac{2}{5}$

$$y = Ce^{\frac{2}{5}x}$$

> **問 4.1** 公式 4.2 を用いて解け．
> (1) $y'+5y=0$ (2) $y'-\sqrt{2}\,y=0$
> (3) $2y'+3y=0$ (4) $3y'-4y=0$

4.3 変数係数 1 階線形微分方程式

変数係数の 1 階線形微分方程式を解く．
$$y'+p(x)y = f(x)$$
ならば**変数係数 1 階線形微分方程式**という．

[注意] 導関数 y' の係数が 1 でないときは，両辺をその係数で割る．
$$p(x)y'+q(x)y = f(x) \quad ならば \quad y'+\frac{q(x)}{p(x)}y = \frac{f(x)}{p(x)}$$

変数係数の 1 階線形微分方程式を解くにも，指数関数を用いる．まず右辺を 0 とした次の同次な方程式に指数関数 $y = e^{h(x)}$ を代入する．
$$y'+p(x)y = 0$$
$$(e^{h(x)})'+p(x)e^{h(x)} = h'(x)e^{h(x)}+p(x)e^{h(x)}$$
$$= \{h'(x)+p(x)\}e^{h(x)} = 0$$

$e^{h(x)} \neq 0$ より
$$h'(x)+p(x) = 0, \quad h'(x) = -p(x), \quad h(x) = -\int p(x)\,dx$$

よって関数 $y = e^{-\int p(x)\,dx}$ は解である．実は関数 $y = Ce^{-\int p(x)\,dx}$（C は定数）も解（一般解）になる．

次に非同次な方程式を解くために，関数 $y = C(x)e^{-\int p(x)\,dx}$ を代入する．
$$y'+p(x)y = f(x)$$
$$(C(x)e^{-\int p(x)\,dx})'+p(x)C(x)e^{-\int p(x)\,dx} = f(x)$$
$$C'(x)e^{-\int p(x)\,dx}-C(x)p(x)e^{-\int p(x)\,dx}+p(x)C(x)e^{-\int p(x)\,dx} = f(x)$$
$$C'(x)e^{-\int p(x)\,dx} = f(x)$$
$$C'(x) = f(x)e^{\int p(x)\,dx}$$
$$C(x) = \int f(x)e^{\int p(x)\,dx}\,dx$$

よって関数 $y = \left(\int f(x)e^{\int p(x)\,dx}\,dx\right)e^{-\int p(x)\,dx}$ は解である．

変数係数の 1 階線形微分方程式は次のようにして解く．

> **公式 4.3** 変数係数 1 階線形微分方程式の解法
> $$y'+p(x)y = f(x)$$

ならば
$$h(x) = \int p(x)\, dx$$
とおくと
$$y = \left(\int f(x) e^{h(x)}\, dx\right) e^{-h(x)}$$

[解説] 未知関数 y の係数を積分して指数関数を作る．これに右辺の式 $f(x)$ を掛けて積分すると解が求まる．

> **例題 4.2** 公式 4.3 を用いて解け．
> (1) $y' - \dfrac{1}{x} y = x$ (2) $xy' + 2y = 3x + 4x^2$

[解] 未知関数 y の係数を積分して指数関数を作る．これに右辺の式を掛けて積分する．ただし，導関数 y' の係数は 1 にする．

(1) $h(x) = \int \left(-\dfrac{1}{x}\right) dx = -\log x$

$$y = \left(\int x e^{-\log x}\, dx\right) e^{\log x} = \left(\int x \dfrac{1}{x}\, dx\right) x = \left(\int dx\right) x$$
$$= (x + C) x = x^2 + Cx$$

(2) $y' + \dfrac{2}{x} y = 3 + 4x$

$$h(x) = \int \dfrac{2}{x}\, dx = 2\log x$$

$$y = \left\{\int (3 + 4x) e^{2\log x}\, dx\right\} e^{-2\log x} = \left\{\int (3x^2 + 4x^3)\, dx\right\} \dfrac{1}{x^2}$$
$$= (x^3 + x^4 + C) \dfrac{1}{x^2} = x + x^2 + \dfrac{C}{x^2}$$

> **問 4.2** 公式 4.3 を用いて解け．
> (1) $y' + \dfrac{1}{x} y = x^2$ (2) $y' - \dfrac{2}{x} y = x + 1$
> (3) $xy' + 2y = x^3$ (4) $xy' - y = \dfrac{1}{x} - x^2$

[注意] 導関数 y' の係数を 1 にしてから公式 4.3 を使う．また未知関数 y の係数 $p(x)$ を積分したら，積分定数を書かない．

指数と対数について次の関係が成り立つ．

> **公式 4.4 底の変換公式**
> $e^{n \log x} = x^n$

練習問題 4

1. 公式 4.2 を用いて解け．

(1) $y'+9y=0$ (2) $y'-2y=0$ (3) $3y'+y=0$

(4) $\sqrt{7}y'-y=0$ (5) $2y'+5y=0$ (6) $4y'-9y=0$

2. 公式 4.3 を用いて解け．

(1) $y'+x^3y=0$ (2) $y'-xy=0$

(3) $y'+\dfrac{1}{x}y=x$ (4) $y'-\dfrac{3}{x}y=x^4$

(5) $y'+\dfrac{2}{x}y=\dfrac{1}{\sqrt{x}}$ (6) $y'-\dfrac{2}{x}y=\sqrt{x}^3$

(7) $xy'+y=x^2$ (8) $xy'-3y=\dfrac{1}{x^2}$

(9) $y'+2xy=e^{-x^2}$ (10) $y'-(\cos x)y=e^{\sin x}$

(11) $y'-\dfrac{1}{x^2}y=\dfrac{1}{x^2}$ $\left(\int \dfrac{1}{x^2}e^{\frac{1}{x}}\,dx = -e^{\frac{1}{x}}+C\right)$

(12) $y'-(\sin x)y=\sin x$ $\left(\int (\sin x)e^{\cos x}\,dx = -e^{\cos x}+C\right)$

(13) $y'+2xy=2x^3$ $\left(\int x^3 e^{x^2}\,dx = \dfrac{1}{2}(x^2-1)e^{x^2}+C\right)$

(14) $y'+\dfrac{3}{x}y=\log x$ $\left(\int x^3 \log x\,dx = \dfrac{1}{4}x^4\log x - \dfrac{1}{16}x^4+C\right)$

[解答]

問 4.1 (1) $y=Ce^{-5x}$ (2) $y=Ce^{\sqrt{2}x}$ (3) $y=Ce^{-\frac{3}{2}x}$

(4) $y=Ce^{\frac{4}{3}x}$

問 4.2 (1) $y=\dfrac{1}{4}x^3+\dfrac{C}{x}$ (2) $y=x^2\log x - x + Cx^2$

(3) $y=\dfrac{1}{5}x^3+\dfrac{C}{x^2}$ (4) $y=-\dfrac{1}{2x}-x^2+Cx$

練習問題 4

1. (1) $y=Ce^{-9x}$ (2) $y=Ce^{2x}$ (3) $y=Ce^{-\frac{1}{3}x}$

(4) $y=Ce^{\frac{1}{\sqrt{7}}x}$ (5) $y=Ce^{-\frac{5}{2}x}$ (6) $y=Ce^{\frac{9}{4}x}$

2. (1) $y=Ce^{-\frac{1}{4}x^4}$ (2) $y=Ce^{\frac{1}{2}x^2}$ (3) $y=\dfrac{1}{3}x^2+\dfrac{C}{x}$

(4) $y=\dfrac{1}{2}x^5+Cx^3$ (5) $y=\dfrac{2}{5}\sqrt{x}+\dfrac{C}{x^2}$ (6) $y=2\sqrt{x}^5+Cx^2$

(7) $y=\dfrac{1}{3}x^2+\dfrac{C}{x}$ (8) $y=-\dfrac{1}{5x^2}+Cx^3$ (9) $y=(x+C)e^{-x^2}$

(10)　$y = (x+C)e^{\sin x}$　　(11)　$y = -1 + Ce^{-\frac{1}{x}}$

(12)　$y = -1 + Ce^{-\cos x}$　　(13)　$y = x^2 - 1 + Ce^{-x^2}$

(14)　$y = \dfrac{1}{4}x \log x - \dfrac{1}{16}x + \dfrac{C}{x^3}$

§5 定数係数同次線形微分方程式

線形微分方程式の中で最も基本的な方程式を中心に考える．ここでは定数係数の高階同次線形微分方程式に取り組む．

5.1 定数係数2階同次線形微分方程式

定数係数の2階同次線形微分方程式を解く．
$$py'' + qy' + ry = 0 \quad (p, q, r \text{ は定数})$$
ならば**定数係数2階同次線形微分方程式**という．

定数係数の2階同次線形微分方程式を解くには，やはり指数関数を用いる．指数関数 $y = e^{hx}$（h は定数）を方程式に代入すると
$$p(e^{hx})'' + q(e^{hx})' + re^{hx} = ph^2 e^{hx} + qhe^{hx} + re^{hx}$$
$$= (ph^2 + qh + r)e^{hx} = 0$$
$e^{hx} \neq 0$ より
$$ph^2 + qh + r = 0$$
よって，この2次方程式の解を $h = \alpha, \beta$ と書くと，関数 $y = e^{\alpha x}$, $y = e^{\beta x}$ は解である．実は関数 $y = C_1 e^{\alpha x} + C_2 e^{\beta x}$（$C_1, C_2$ は定数）も解（一般解）になる．これは次の重ね合わせの原理から導かれる．

公式 5.1 重ね合わせの原理

関数 $y_1, y_2, \cdots$ が同次線形微分方程式の解ならば，関数 $C_1 y_1 + C_2 y_2 + \cdots$（$C_1, C_2, \cdots$ は定数）も解になる．

[解説] 同次線形微分方程式の解に定数を掛けてたすと，また同じ方程式の解になる．

定数係数の2階同次線形微分方程式は次のようにして解く．

公式 5.2 定数係数2階同次線形微分方程式の解法

$$py'' + qy' + ry = 0$$
ならば
$$(pD^2 + qD + r)y = 0$$
微分 D の式を文字 h の式に直して0とおき，**特性方程式**という．
$$ph^2 + qh + r = 0$$
これを解いて**特性解**という．
$$h = \alpha, \beta$$
(1) 特性解が2実数解 $h = \alpha, \beta$ の場合

$$y = C_1 e^{\alpha x} + C_2 e^{\beta x}$$

(2) 特性解が2重解 $h = \alpha$ の場合
$$y = C_1 e^{\alpha x} + C_2 x e^{\alpha x} = (C_1 + C_2 x) e^{\alpha x}$$

(3) 特性解が2虚数解 $h = a \pm bi$ の場合
$$y = C_1 e^{ax} \cos bx + C_2 e^{ax} \sin bx$$
$$= e^{ax}(C_1 \cos bx + C_2 \sin bx)$$

[解説] 微分方程式を微分 D の式で表し,特性方程式を作る.それを解いて特性解を計算すれば,微分方程式の解が求まる.

[注意] 公式 5.2(3) はオイラーの公式 $e^{i\theta} = \cos\theta + i\sin\theta$ より導かれる.公式 5.2(1) より

$$y = C_1 e^{(a+bi)x} + C_2 e^{(a-bi)x} = C_1 e^{ax} e^{ibx} + C_2 e^{ax} e^{-ibx}$$
$$= C_1 e^{ax}(\cos bx + i\sin bx) + C_2 e^{ax}(\cos bx - i\sin bx)$$
$$= (C_1 + C_2) e^{ax} \cos bx + i(C_1 - C_2) e^{ax} \sin bx$$
$$= C_1' e^{ax} \cos bx + C_2' e^{ax} \sin bx$$

例題 5.1 公式 5.2 を用いて解け.
(1) $y'' - 3y' + 2y = 0$ (2) $y'' - 8y' + 16y = 0$
(3) $y'' - 4y' + 13y = 0$

[解] 微分方程式から特性方程式を作り,特性解を計算する.

(1) $(D^2 - 3D + 2)y = 0$
$h^2 - 3h + 2 = 0$
$(h-1)(h-2) = 0$
$h = 1, 2$
$y = C_1 e^x + C_2 e^{2x}$

(2) $(D^2 - 8D + 16)y = 0$
$h^2 - 8h + 16 = 0$
$(h-4)^2 = 0$
$h = 4$ (2重解)
$y = C_1 e^{4x} + C_2 x e^{4x} = (C_1 + C_2 x) e^{4x}$

(3) $(D^2 - 4D + 13)y = 0$
$h^2 - 4h + 13 = 0$
$h = 2 \pm 3i$
$y = C_1 e^{2x} \cos 3x + C_2 e^{2x} \sin 3x = e^{2x}(C_1 \cos 3x + C_2 \sin 3x)$

問 5.1 公式 5.2 を用いて解け．

(1) $y'' - 5y' + 6y = 0$ (2) $y'' + y' - 12y = 0$

(3) $y'' - 2y' + y = 0$ (4) $y'' + 4y' + 4y = 0$

(5) $y'' + 16y = 0$ (6) $y'' + 2y' + 10y = 0$

[注意] 指数関数の順序は自由である．たとえば，例題 5.1(1) で $y = C_1 e^{2x} + C_2 e^x$ としてもよい．

因数分解がうまくいかないときは次の解の公式を使う．

公式 5.3　2次方程式の解の公式

2次方程式 $ax^2 + bx + c = 0$ の解は

$$x = \frac{-b \pm \sqrt{b^2 - 4ac}}{2a}$$

5.2　定数係数 n 階同次線形微分方程式

定数係数の n 階同次線形微分方程式を解く．

$$p_n y^{(n)} + p_{n-1} y^{(n-1)} + \cdots + p_1 y' + p_0 y = 0$$

（$p_0, p_1, \cdots, p_n$ は定数）

ならば**定数係数 n 階同次線形微分方程式**という．

定数係数の n 階同次線形微分方程式は次のようにして解く．

公式 5.4　定数係数 n 階同次線形微分方程式の解法

$$p_n y^{(n)} + p_{n-1} y^{(n-1)} + \cdots + p_1 y' + p_0 y = 0$$

ならば

$$(p_n D^n + p_{n-1} D^{n-1} + \cdots + p_1 D + p_0) y = 0$$

微分 D の式を文字 h の式に直して 0 とおき，特性方程式という．

$$p_n h^n + p_{n-1} h^{n-1} + \cdots + p_1 h + p_0 = 0$$

これを解いて特性解という．

$$h = \alpha_1, \alpha_2, \cdots, \alpha_n$$

(1) 特性解が異なる実数解 $h = \alpha_1, \alpha_2, \cdots, \alpha_n$ の場合

$$y = C_1 e^{\alpha_1 x} + C_2 e^{\alpha_2 x} + \cdots + C_n e^{\alpha_n x}$$

(2) 特性解が k 重解 $h = \alpha$ を含む場合

$$y = (C_1 + C_2 x + \cdots + C_k x^{k-1}) e^{\alpha x} + C_{k+1} e^{\alpha_{k+1} x} + \cdots + C_n e^{\alpha_n x}$$

(3) 特性解が k 組の虚数解 $h = a_1 \pm b_1 i, \cdots, a_k \pm b_k i$ を含む場合

$$y = e^{a_1 x}(C_1 \cos b_1 x + C_2 \sin b_1 x) + \cdots$$
$$+ e^{a_k x}(C_{2k-1} \cos b_k x + C_{2k} \sin b_k x)$$
$$+ C_{2k+1} e^{\alpha_{2k+1} x} + \cdots + C_n e^{\alpha_n x}$$

[解説] 微分方程式を微分 D の式で表し，特性方程式を作る．それを解いて特

性解を計算すれば，微分方程式の解が求まる．もしも虚数解 $h = a \pm bi$ が重解ならば，関数 $x^m e^{ax}(C \cos bx + C' \sin bx)\,(m = 1, 2, \cdots)$ などの項も現れる．

> **例題 5.2** 公式 5.4 を用いて解け．
> (1) $y''' - y' = 0$　　(2) $y''' - 3y'' + 3y' - y = 0$
> (3) $y''' - y'' + 2y = 0$

解 微分方程式から特性方程式を作り，特性解を計算する．

(1) $(D^3 - D)y = 0$

$h^3 - h = 0$

$h(h+1)(h-1) = 0$

$h = 0, \pm 1$

$y = C_1 + C_2 e^x + C_3 e^{-x}$

(2) $(D^3 - 3D^2 + 3D - 1)y = 0$

$h^3 - 3h^2 + 3h - 1 = 0$

$(h-1)^3 = 0$

$h = 1$（3重解）

$y = C_1 e^x + C_2 x e^x + C_3 x^2 e^x = (C_1 + C_2 x + C_3 x^2) e^x$

(3) $(D^3 - D^2 + 2)y = 0$

$h^3 - h^2 + 2 = 0$

$(h+1)(h^2 - 2h + 2) = 0$

$h = -1, 1 \pm i$

$y = C_1 e^{-x} + C_2 e^x \cos x + C_3 e^x \sin x$

$ = C_1 e^{-x} + e^x (C_2 \cos x + C_3 \sin x)$

問 5.2 公式 5.4 を用いて解け．
(1) $y''' + 3y'' + 2y' = 0$　　(2) $y''' - 6y'' + 12y' - 8y = 0$
(3) $y''' + 2y'' + y' = 0$　　(4) $y''' - 4y'' + 5y' = 0$

練 習 問 題 5

1. 公式 5.2, 5.4 を用いて解け．
(1) $y'' - 6y = 0$　　　　　　(2) $y'' + 5y' = 0$
(3) $2y'' + 5y' - 3y = 0$　　(4) $6y'' + 7y' + 2y = 0$
(5) $y'' + 6y' + 9y = 0$　　　(6) $y'' - 2\sqrt{2}\,y' + 2y = 0$
(7) $4y'' + 4y' + y = 0$　　　(8) $9y'' - 12y' + 4y = 0$

(9) $y''+8y=0$ (10) $2y''+3y=0$
(11) $y''-4y'+9y=0$ (12) $2y''+2y'+y=0$
(13) $y'''-2y''-y'+2y=0$ (14) $y'''+3y''-4y=0$
(15) $8y'''-12y''+6y'-y=0$ (16) $y'''+y'-10y=0$
(17) $y^{(4)}-5y''+4y=0$ (18) $y^{(4)}-2y''+y=0$
(19) $y^{(4)}-4y'''+6y''-4y'+y=0$ (20) $y^{(4)}+3y''+2y=0$
(21) $y^{(4)}+18y''+81y=0$ (22) $y^{(4)}-2y'''+2y''-2y'+y=0$

【解答】

問 5.1 (1) $y=C_1e^{2x}+C_2e^{3x}$ (2) $y=C_1e^{3x}+C_2e^{-4x}$
(3) $y=(C_1+C_2x)e^x$ (4) $y=(C_1+C_2x)e^{-2x}$
(5) $y=C_1\cos 4x+C_2\sin 4x$ (6) $y=e^{-x}(C_1\cos 3x+C_2\sin 3x)$

問 5.2 (1) $y=C_1+C_2e^{-x}+C_3e^{-2x}$ (2) $y=(C_1+C_2x+C_3x^2)e^{2x}$
(3) $y=C_1+(C_2+C_3x)e^{-x}$
(4) $y=C_1+e^{2x}(C_2\cos x+C_3\sin x)$

練習問題 5

1. (1) $y=C_1e^{\sqrt{6}x}+C_2e^{-\sqrt{6}x}$ (2) $y=C_1+C_2e^{-5x}$
(3) $y=C_1e^{\frac{1}{2}x}+C_2e^{-3x}$ (4) $y=C_1e^{-\frac{1}{2}x}+C_2e^{-\frac{2}{3}x}$
(5) $y=(C_1+C_2x)e^{-3x}$ (6) $y=(C_1+C_2x)e^{\sqrt{2}x}$
(7) $y=(C_1+C_2x)e^{-\frac{1}{2}x}$ (8) $y=(C_1+C_2x)e^{\frac{2}{3}x}$
(9) $y=C_1\cos 2\sqrt{2}x+C_2\sin 2\sqrt{2}x$
(10) $y=C_1\cos\sqrt{\frac{3}{2}}x+C_2\sin\sqrt{\frac{3}{2}}x$
(11) $y=e^{2x}(C_1\cos\sqrt{5}x+C_2\sin\sqrt{5}x)$
(12) $y=e^{-\frac{1}{2}x}\left(C_1\cos\frac{x}{2}+C_2\sin\frac{x}{2}\right)$
(13) $y=C_1e^x+C_2e^{-x}+C_3e^{2x}$
(14) $y=C_1e^x+(C_2+C_3x)e^{-2x}$
(15) $y=(C_1+C_2x+C_3x^2)e^{\frac{1}{2}x}$
(16) $y=C_1e^{2x}+e^{-x}(C_2\cos 2x+C_3\sin 2x)$
(17) $y=C_1e^x+C_2e^{-x}+C_3e^{2x}+C_4e^{-2x}$
(18) $y=(C_1+C_2x)e^x+(C_3+C_4x)e^{-x}$
(19) $y=(C_1+C_2x+C_3x^2+C_4x^3)e^x$
(20) $y=C_1\cos x+C_2\sin x+C_3\cos\sqrt{2}x+C_4\sin\sqrt{2}x$
(21) $y=(C_1+C_2x)\cos 3x+(C_3+C_4x)\sin 3x$
(22) $y=(C_1+C_2x)e^x+C_3\cos x+C_4\sin x$

§6 定数係数非同次線形微分方程式（右辺が多項式）

定数係数の同次線形微分方程式の解法を応用して，非同次線形微分方程式の解き方を考える．ここでは右辺が多項式である定数係数の非同次線形微分方程式に取り組む．

6.1 非同次線形微分方程式

非同次な線形微分方程式とその解の形を調べる．
$$p_n y^{(n)} + p_{n-1} y^{(n-1)} + \cdots + p_1 y' + p_0 y = f(x)$$
（$p_0, p_1, \cdots, p_n$ は定数）

ならば**定数係数 n 階非同次線形微分方程式**という．

例1 非同次な線形微分方程式の解の形を見る．
$$y' + y = x \qquad ①$$
右辺を 0 とおいて同次な線形微分方程式を作る．
$$y' + y = 0 \qquad ②$$
まず公式 4.2 を用いて ② を解く．
$$(D+1)y = 0$$
$$h+1 = 0, \quad h = -1$$
$$y = Ce^{-x}$$
これは ② の一般解である．次に関数 $y = C(x)e^{-x}$ を ① に代入すると
$$(C(x)e^{-x})' + C(x)e^{-x} = x$$
$$C'(x)e^{-x} - C(x)e^{-x} + C(x)e^{-x} = x$$
$$C'(x)e^{-x} = x$$
$$C'(x) = xe^x$$
ここで部分積分を用いると
$$C(x) = \int xe^x\,dx = xe^x - \int e^x\,dx = (x-1)e^x + C_1$$
$$y = \{(x-1)e^x + C_1\}e^{-x} = x - 1 + C_1 e^{-x}$$
これは ① の一般解である．関数 $x-1$ は $C_1 = 0$ とした ① の特殊解である．

● **非同次線形微分方程式の解の意味と記号**

一般の非同次な線形微分方程式を解く．

非同次な線形微分方程式の解は1つの特殊解と右辺を $f(x) = 0$ とおいた同次な線形微分方程式の一般解（**基本解**）の和になる．ここでは複雑な積分を用いない解法を考える．同次な線形微分方程式は§4,5ですでに解いたので，今後は右辺 $f(x)$ の形に応じて特殊解の求め方を調べる．まず特殊解を表す記号を導入する．

$$(p_n D^n + p_{n-1} D^{n-1} + \cdots + p_1 D + p_0) y = f(x)$$

ならば特殊解を次のように書く．

$$\frac{f(x)}{p_n D^n + p_{n-1} D^{n-1} + \cdots + p_1 D + p_0} = P(D) f(x)$$

例2 非同次な線形微分方程式の解を記号で表す．

$$y' + y = x$$
$$(D+1)y = x$$
$$h + 1 = 0, \quad h = -1$$

基本解は前に，特殊解は後ろに書くと

$$y = Ce^{-x} + \frac{x}{D+1}$$

6.2 右辺が多項式である場合の解法

右辺が多項式である非同次な線形微分方程式を解く．

例3 右辺が多項式の線形微分方程式を見る．

(1) $y' + 2y = x^2$

(2) $y'' - 3y' + 2y = 2x^2 - 2x$

多項式と微分の式について，次が成り立つ．

公式 6.1 多項式と微分の式，山辺の方法
多項式は微分の式 $P(D)$ で掛けたり，割ったりする．

[解説] 多項式に微分の式を掛けると微分になる．また，多項式は微分の式で割り切れる．このときは縦書きの計算を用いる．

例4 公式 6.1 を用いて計算する．

(1) $\dfrac{x^2}{D} = \dfrac{1}{3} x^3$

記号 $\dfrac{1}{D}$ は微分 D の逆なので積分になる．特殊解を求めるので定数 C は書かない．

(2) $\dfrac{x}{D+1} = x - 1$

$$\begin{array}{r} x - 1 \\ 1+D \overline{) x} \\ \text{次数の低い } x+1 \\ \text{順に書く } \overline{-1} \\ \overline{-1} \\ \overline{0} \end{array} \Big\} \text{省略可}$$

これより例2の方程式の解は $y = Ce^{-x} + x - 1$ となる．これは例1の積分による結果と等しくなる．

[注意] 除去では微分の式を次数の低い順に書く．また，定数が現れたら，以下の計算は省略できる．

例題 6.1 公式 6.1 を用いて解け．
(1) $y'-y=x+1$ (2) $y'+2y=x^2$

解 微分方程式から特性方程式を作り，特性解を計算して基本解を求める．次に右辺の多項式を微分の式で割り，特殊解を求める．

(1) $(D-1)y=x+1$

$h-1=0,\ h=1$

$y=Ce^x+\dfrac{x+1}{D-1}$

$\quad =Ce^x-x-2$

$$-1+D\overline{)\begin{array}{l}-x-2\\ x+1\\ \underline{x-1}\\ 2\end{array}}$$

(2) $(D+2)y=x^2$

$h+2=0,\quad h=-2$

$y=Ce^{-2x}+\dfrac{x^2}{D+2}$

$\quad =Ce^{-2x}+\dfrac{1}{2}x^2-\dfrac{1}{2}x+\dfrac{1}{4}$

$$2+D\overline{)\begin{array}{l}\frac{1}{2}x^2-\frac{1}{2}x+\frac{1}{4}\\ x^2\\ \underline{x^2+x}\\ -x\\ \underline{-x-\frac{1}{2}}\\ \frac{1}{2}\end{array}}$$

問 6.1 公式 6.1 を用いて解け．
(1) $y'+3y=3x-2$ (2) $2y'-y=x+4$
(3) $y'+4y=4x^2+1$ (4) $3y'-2y=2x^2-2x-2$

例題 6.2 公式 6.1 を用いて解け．
$$y''-3y'+2y=2x^2-2x$$

解 微分方程式から特性方程式を作り，特性解を計算して基本解を求める．次に右辺の多項式を微分の式で割り，特殊解を求める．

$(D^2-3D+2)y=2x^2-2x$

$h^2-3h+2=0$

$(h-1)(h-2)=0$

$h=1,2$

$y=C_1e^x+C_2e^{2x}+\dfrac{2x^2-2x}{D^2-3D+2}$

$\quad =C_1e^x+C_2e^{2x}+x^2+2x+2$

$$2-3D+D^2\overline{)\begin{array}{l}x^2+2x+2\\ 2x^2-2x\\ \underline{2x^2-6x+2}\\ 4x-2\\ \underline{4x-6}\\ 4\end{array}}$$

問 6.2 公式 6.1 を用いて解け．
(1) $y''+y'-2y=2x^2-1$ (2) $y''-4y'+4y=4x^2-4x$
(3) $y''-2y'+4y=4x^2+4x+6$
(4) $y'''+y''-6y'=9x^2+x-3$

練習問題 6

1. 公式 6.1 を用いて解け．

(1) $y'-2y = x-1$
(2) $3y'+y = 2x+1$
(3) $y'+5y = 5x^2-3x+4$
(4) $4y'-3y = 3x^2+x-3$
(5) $6y'-4y = 4x^3+2x^2$
(6) $5y'+2y = 2x^3+x^2-30x$
(7) $y''-4y = 4x^2+4x+2$
(8) $y''+9y = 9x^2-2x$
(9) $y''+5y'+6y = 6x^2+4x$
(10) $y''+y'-6y = 6x^3-9x^2$
(11) $y''-2y'+y = x^2-x$
(12) $y''+6y'+9y = 9x^3-1$
(13) $y''+4y'+6y = 6x^2+2x+4$
(14) $y''-2y'+6y = 6x^3-4x$
(15) $y'''-7y'+6y = 6x^2+4x-3$
(16) $y'''-3y''+4y = 4x^3+4x^2+1$
(17) $y'''-6y''+12y'-8y = 8x^2-8x-4$
(18) $y'''-2y''-y'+14y = 14x^3+11x^2+1$
(19) $y^{(4)}-y = x^4+x+1$
(20) $y^{(4)}-2y''+y = x^4-x^2$

解答

問 6.1 (1) $y = Ce^{-3x}+x-1$
(2) $y = Ce^{\frac{1}{2}x}-x-6$
(3) $y = Ce^{-4x}+x^2-\frac{1}{2}x+\frac{3}{8}$
(4) $y = Ce^{\frac{2}{3}x}-x^2-2x-2$

問 6.2 (1) $y = C_1e^x+C_2e^{-2x}-x^2-x-1$
(2) $y = (C_1+C_2 x)e^{2x}+x^2+x+\frac{1}{2}$
(3) $y = e^x(C_1\cos\sqrt{3}x+C_2\sin\sqrt{3}x)+x^2+2x+2$
(4) $y = C_1+C_2e^{2x}+C_3e^{-3x}-\frac{1}{2}x^3-\frac{1}{3}x^2-\frac{1}{9}x$

練習問題 6

1. (1) $y = Ce^{2x}-\frac{1}{2}x+\frac{1}{4}$
(2) $y = Ce^{-\frac{1}{3}x}+2x-5$
(3) $y = Ce^{-5x}+x^2-x+1$
(4) $y = Ce^{\frac{3}{4}x}-x^2-3x-3$
(5) $y = Ce^{\frac{2}{3}x}-x^3-5x^2-15x-\frac{45}{2}$
(6) $y = Ce^{-\frac{2}{5}x}+x^3-7x^2+20x-50$
(7) $y = C_1e^{2x}+C_2e^{-2x}-x^2-x-1$
(8) $y = C_1\cos 3x+C_2\sin 3x+x^2-\frac{2}{9}x-\frac{2}{9}$
(9) $y = C_1e^{-2x}+C_2e^{-3x}+x^2-x+\frac{1}{2}$
(10) $y = C_1e^{2x}+C_2e^{-3x}-x^3+x^2-\frac{2}{3}x+\frac{2}{9}$

(11) $y = (C_1 + C_2 x)e^x + x^2 + 3x + 4$

(12) $y = (C_1 + C_2 x)e^{-3x} + x^3 - 2x^2 + 2x - 1$

(13) $y = e^{-2x}(C_1 \cos \sqrt{2}x + C_2 \sin \sqrt{2}x) + x^2 - x + 1$

(14) $y = e^x(C_1 \cos \sqrt{5}x + C_2 \sin \sqrt{5}x) + x^3 + x^2 - x - \dfrac{2}{3}$

(15) $y = C_1 e^x + C_2 e^{2x} + C_3 e^{-3x} + x^2 + 3x + 3$

(16) $y = C_1 e^{-x} + (C_2 + C_3 x)e^{2x} + x^3 + x^2 + \dfrac{9}{2}x + \dfrac{1}{4}$

(17) $y = (C_1 + C_2 x + C_3 x^2)e^{2x} - x^2 - 2x - 1$

(18) $y = C_1 e^{-2x} + e^{2x}(C_2 \cos \sqrt{3}x + C_3 \sin \sqrt{3}x) + x^3 + x^2 + x$

(19) $y = C_1 e^x + C_2 e^{-x} + C_3 \cos x + C_4 \sin x - x^4 - x - 25$

(20) $y = (C_1 + C_2 x)e^x + (C_3 + C_4 x)e^{-x} + x^4 + 23x^2 + 68$

§7 定数係数非同次線形微分方程式（右辺が指数関数）

定数係数の同次線形微分方程式の解法を応用して，非同次線形微分方程式の解き方を考える．ここでは右辺が指数関数である定数係数の非同次線形微分方程式に取り組む．

7.1 右辺が指数関数である場合の解法（その 1）

右辺が指数関数である非同次な線形微分方程式を解く．

例 1 右辺が指数関数の線形微分方程式を見る．

(1) $y' + y = e^x$

(2) $y'' - y = 2e^{-x}$

指数関数 e^{ax} を微分すると，微分記号 D が数値 a になる．
$$De^{ax} = ae^{ax}, \quad D^2 e^{ax} = a^2 e^{ax}, \quad D^3 e^{ax} = a^3 e^{ax}$$
この結果と分母が 0 になる場合をまとめておく．

公式 7.1 指数関数と微分の式，$a \neq 0$

(1) 式 $P(a)$ の分母が 0 でないならば
$$P(D)e^{ax} = P(a)e^{ax}$$

(2) 式 $P(a)$ の分母が 0 ならば分母を因数分解して，次を利用する（ただし，$n! = 1 \times 2 \times \cdots \times n$ は階乗）．
$$\frac{e^{ax}}{(D-a)^n} = \frac{1}{n!} x^n e^{ax}$$

[解説] (1) では指数関数 e^{ax} に微分の式 $P(D)$ を掛けると，微分記号 D が数値 a になる．(2) では式 $P(a)$ の分母が 0 ならば，記号 $\frac{1}{(D-a)^n}$ を式 $\frac{1}{n!} x^n$ に取りかえる．

例 2 公式 7.1 (1) を用いて計算する．

(1) $\dfrac{e^x}{D+1} = \dfrac{e^x}{1+1} = \dfrac{1}{2} e^x$

(2) $\dfrac{e^{2x}}{D^2 + D + 1} = \dfrac{e^{2x}}{4 + 2 + 1} = \dfrac{1}{7} e^{2x}$

例題 7.1 公式 7.1 を用いて解け．

(1) $y' + y = e^x$ (2) $y'' + y' + y = e^{2x}$

解 微分方程式から特性方程式を作り，特性解を計算して基本解を求める．次に右辺の指数関数 e^{ax} で，微分記号 D に数値 a を代入して特殊解を求める．

(1) $(D+1)y = e^x$

$$h+1 = 0, \quad h = -1$$

$$y = Ce^{-x} + \frac{e^x}{D+1}$$

例 2 (1) より

$$= Ce^{-x} + \frac{1}{2}e^x$$

(2) $(D^2+D+1)y = e^{2x}$

$$h^2+h+1 = 0$$

$$h = \frac{-1 \pm \sqrt{3}i}{2}$$

$$y = C_1 e^{-\frac{1}{2}x}\cos\frac{\sqrt{3}}{2}x + C_2 e^{-\frac{1}{2}x}\sin\frac{\sqrt{3}}{2}x + \frac{e^{2x}}{D^2+D+1}$$

例 2 (2) より

$$= e^{-\frac{1}{2}x}\left(C_1\cos\frac{\sqrt{3}}{2}x + C_2\sin\frac{\sqrt{3}}{2}x\right) + \frac{1}{7}e^{2x}$$

問 7.1 公式 7.1 を用いて解け．

(1) $y' + 2y = e^{3x}$ (2) $2y' - 3y = 3e^{4x}$

(3) $y'' + y' - 2y = 6e^{-x}$ (4) $y'' + 4y' + 4y = \frac{1}{3}e^x$

(5) $y'' + 2y' + 5y = 2e^{-2x}$ (6) $y''' - y' = \frac{1}{6}e^{2x}$

7.2 右辺が指数関数である場合の解法（その 2）

右辺が指数関数である非同次な線形微分方程式を，公式 7.1 (2) により解く．

例 3 公式 7.1 (2) を用いて計算する．

(1) $\dfrac{e^{2x}}{D-2} = xe^{2x}$

(2) $\dfrac{e^{2x}}{(D-2)^2} = \dfrac{1}{2}x^2 e^{2x}$

(3) $\dfrac{e^{2x}}{(D-2)^3} = \dfrac{1}{3!}x^3 e^{2x} = \dfrac{1}{6}x^3 e^{2x}$

(4) $\dfrac{2e^{-x}}{D^2-1} = \dfrac{2e^{-x}}{(D-1)(D+1)} = \dfrac{2}{-1-1}xe^{-x} = -xe^{-x}$

[注意] 公式 7.1(2) を用いるときは微分記号 D の係数を 1 にする．
$$\frac{e^{2x}}{(2D-4)^2} = \frac{e^{2x}}{4(D-2)^2} = \frac{1}{8}x^2 e^{2x}$$

また，公式 7.1(2) を用いたら，変数 x を分子から外に出す．正しくは例 3 (4) を見よ．
$$\frac{2e^{-x}}{D^2-1} = \frac{2e^{-x}}{(D-1)(D+1)} = \frac{2xe^{-x}}{D-1} \quad \text{✗}$$

例題 7.2 公式 7.1 を用いて解け．
(1) $y'-2y = e^{2x}$ (2) $y''-y = 2e^{-x}$

[解] 微分方程式から特性方程式を作り，特性解を計算して基本解を求める．次に右辺の指数関数 e^{ax} で，微分記号 D に数値 a を代入して特殊解を求める．ただし，分母が 0 のときは公式 7.1(2) を用いる．

(1) $(D-2)y = e^{2x}$
$h-2 = 0, \quad h = 2$
$y = Ce^{2x} + \dfrac{e^{2x}}{D-2}$

例 3 (1) より
$= Ce^{2x} + xe^{2x}$
$= (C+x)e^{2x}$

(2) $(D^2-1)y = 2e^{-x}$
$h^2-1 = 0, \quad h = \pm 1$
$y = C_1 e^x + C_2 e^{-x} + \dfrac{2e^{-x}}{D^2-1}$

例 3 (4) より
$= C_1 e^x + C_2 e^{-x} - xe^{-x}$
$= C_1 e^x + (C_2-x)e^{-x}$

問 7.2 公式 7.1 を用いて解け．
(1) $y'+4y = e^{-4x}$ (2) $3y'-2y = 4e^{\frac{2}{3}x}$
(3) $y''-y'-6y = 3e^{-2x}$ (4) $y''-6y'+9y = 5e^{3x}$
(5) $2y''+y'-y = 2e^{\frac{1}{2}x}$ (6) $4y'''+4y''+y' = 6e^{-\frac{1}{2}x}$

練習問題 7

1. 公式 7.1 を用いて解け．
(1) $y'-3y = 3e^{2x}$ (2) $4y'+3y = 6e^{\frac{1}{2}x}$

§7 定数係数非同次線形微分方程式

(3) $\quad y'+5y=2e^{-5x}$ (4) $\quad 4y'-3y=2e^{\frac{3}{4}x}$

(5) $\quad y''-5y'+6y=3e^{-x}$ (6) $\quad y''+y'-12y=2e^{-4x}$

(7) $\quad y''-8y'+16y=8e^{3x}$ (8) $\quad 9y''-6y'+y=4e^{\frac{1}{3}x}$

(9) $\quad y''+y=e^{x}$ (10) $\quad y''+4y'+6y=5e^{-x}$

(11) $\quad y'''-y''-4y'+4y=3e^{-x}$ (12) $\quad y'''-2y''-y'+2y=4e^{2x}$

(13) $\quad y'''-3y''+4y=5e^{3x}$ (14) $\quad y'''-3y'-2y=2e^{-x}$

(15) $\quad y'''+6y''+12y'+8y=2e^{-3x}$

(16) $\quad y'''-9y''+27y'-27y=6e^{3x}$

(17) $\quad y'''-9y'+28y=18e^{5x}$ (18) $\quad y'''-2y'+4y=4e^{-2x}$

(19) $\quad y^{(4)}-4y=2e^{\sqrt{2}x}$ (20) $\quad y^{(4)}-8y''+16y=4e^{2x}$

解答

問 7.1 (1) $\quad y=Ce^{-2x}+\dfrac{1}{5}e^{3x}$ (2) $\quad y=Ce^{\frac{3}{2}x}+\dfrac{3}{5}e^{4x}$

(3) $\quad y=C_1e^x+C_2e^{-2x}-3e^{-x}$ (4) $\quad y=(C_1+C_2x)e^{-2x}+\dfrac{1}{27}e^x$

(5) $\quad y=e^{-x}(C_1\cos 2x+C_2\sin 2x)+\dfrac{2}{5}e^{-2x}$

(6) $\quad y=C_1+C_2e^x+C_3e^{-x}+\dfrac{1}{36}e^{2x}$

問 7.2 (1) $\quad y=(C+x)e^{-4x}$ (2) $\quad y=\left(C+\dfrac{4}{3}x\right)e^{\frac{2}{3}x}$

(3) $\quad y=\left(C_1-\dfrac{3}{5}x\right)e^{-2x}+C_2e^{3x}$ (4) $\quad y=\left(C_1+C_2x+\dfrac{5}{2}x^2\right)e^{3x}$

(5) $\quad y=\left(C_1+\dfrac{2}{3}x\right)e^{\frac{1}{2}x}+C_2e^{-x}$

(6) $\quad y=C_1+\left(C_2+C_3x-\dfrac{3}{2}x^2\right)e^{-\frac{1}{2}x}$

練習問題 7

1. (1) $\quad y=Ce^{3x}-3e^{2x}$ (2) $\quad y=Ce^{-\frac{3}{4}x}+\dfrac{6}{5}e^{\frac{1}{2}x}$

(3) $\quad y=(C+2x)e^{-5x}$ (4) $\quad y=\left(C+\dfrac{1}{2}x\right)e^{\frac{3}{4}x}$

(5) $\quad y=C_1e^{2x}+C_2e^{3x}+\dfrac{1}{4}e^{-x}$ (6) $\quad y=C_1e^{3x}+\left(C_2-\dfrac{2}{7}x\right)e^{-4x}$

(7) $\quad y=(C_1+C_2x)e^{4x}+8e^{3x}$ (8) $\quad y=\left(C_1+C_2x+\dfrac{2}{9}x^2\right)e^{\frac{1}{3}x}$

(9) $\quad y=C_1\cos x+C_2\sin x+\dfrac{1}{2}e^x$

(10) $\quad y=e^{-2x}(C_1\cos\sqrt{2}x+C_2\sin\sqrt{2}x)+\dfrac{5}{3}e^{-x}$

(11) $\quad y=C_1e^x+C_2e^{2x}+C_3e^{-2x}+\dfrac{1}{2}e^{-x}$

(12) $\quad y=C_1e^x+C_2e^{-x}+\left(C_3+\dfrac{4}{3}x\right)e^{2x}$

(13) $y = C_1 e^{-x} + (C_2 + C_3 x)e^{2x} + \dfrac{5}{4} e^{3x}$

(14) $y = \left(C_1 + C_2 x - \dfrac{1}{3} x^2\right) e^{-x} + C_3 e^{2x}$

(15) $y = (C_1 + C_2 x + C_3 x^2) e^{-2x} - 2 e^{-3x}$

(16) $y = (C_1 + C_2 x + C_3 x^2 + x^3) e^{3x}$

(17) $y = C_1 e^{-4x} + e^{2x}(C_2 \cos \sqrt{3} x + C_3 \sin \sqrt{3} x) + \dfrac{1}{6} e^{5x}$

(18) $y = \left(C_1 + \dfrac{2}{5} x\right) e^{-2x} + e^{x}(C_2 \cos x + C_3 \sin x)$

(19) $y = \left(C_1 + \dfrac{1}{4\sqrt{2}} x\right) e^{\sqrt{2} x} + C_2 e^{-\sqrt{2} x} + C_3 \cos \sqrt{2} x + C_4 \sin \sqrt{2} x$

(20) $y = \left(C_1 + C_2 x + \dfrac{1}{8} x^2\right) e^{2x} + (C_3 + C_4 x) e^{-2x}$

§8 定数係数非同次線形微分方程式（右辺が三角関数）

定数係数の同次線形微分方程式の解法を応用して，非同次線形微分方程式の解き方を考える．ここでは右辺が三角関数である定数係数の非同次線形微分方程式に取り組む．

8.1 右辺が三角関数である場合の解法（その1）

右辺が三角関数である非同次な線形微分方程式を解く．

例1 右辺が三角関数の線形微分方程式を見る．

(1) $3y' - 3y = \sin x$

(2) $y'' - 3y' + 2y = \cos 2x$

三角関数 $\sin(ax+b)$，$\cos(ax+b)$ $(a \neq 0)$ を 2 回微分すると，微分記号 D^2 が数値 $-a^2$ になる．

$$D^2 \sin(ax+b) = Da\cos(ax+b) = -a^2 \sin(ax+b)$$
$$D^2 \cos(ax+b) = -Da\sin(ax+b) = -a^2 \cos(ax+b)$$

この結果と分母が微分 D や 0 になる場合をまとめておく．

公式 8.1　三角関数と微分の式，$a \neq 0$

(1) $\dfrac{\sin(ax+b)}{D} = -\dfrac{1}{a}\cos(ax+b)$

$\dfrac{\cos(ax+b)}{D} = \dfrac{1}{a}\sin(ax+b)$

(2) 式 $P(-a^2)$ の分母が 0 でないならば

$P(D^2)\sin(ax+b) = P(-a^2)\sin(ax+b)$

$P(D^2)\cos(ax+b) = P(-a^2)\cos(ax+b)$

(3) 式 $P(-a^2)$ の分母が 0 ならば分母を因数分解して，次を利用する．

$\dfrac{\sin(ax+b)}{(D^2+a^2)^n} = \dfrac{x^n}{n!\,2^n} \dfrac{\sin(ax+b)}{D^n}$

$\dfrac{\cos(ax+b)}{(D^2+a^2)^n} = \dfrac{x^n}{n!\,2^n} \dfrac{\cos(ax+b)}{D^n}$

解説 (1) では記号 $\dfrac{1}{D}$ が積分になる．ただし，定数 C を書かない．(2) では三角関数 $\sin(ax+b)$，$\cos(ax+b)$ に微分の式 $P(D)$ を掛けると，微分記号 D^2 が数値 $-a^2$ になる．(3) では式 $P(-a^2)$ の分母が 0 ならば，記号 $\dfrac{1}{(D^2+a^2)^n}$ を式 $\dfrac{x^n}{n!\,2^n}\dfrac{1}{D^n}$ に取りかえる．

例 2 公式 8.1(2) を用いて計算する．

(1) $\dfrac{\sin x}{3D-3} = \dfrac{\sin x}{3(D-1)} = \dfrac{(D+1)\sin x}{3(D^2-1)} = \dfrac{\cos x + \sin x}{3(-1-1)}$

$\qquad = -\dfrac{1}{6}(\cos x + \sin x)$

(2) $\dfrac{\cos 2x}{D^2-3D+2} = \dfrac{\cos 2x}{-4-3D+2} = \dfrac{\cos 2x}{-3D-2} = -\dfrac{(3D-2)\cos 2x}{9D^2-4}$

$\qquad = -\dfrac{-6\sin 2x - 2\cos 2x}{-36-4} = -\dfrac{1}{20}(3\sin 2x + \cos 2x)$

注意 微分記号 D^3 や D^4 では $D^3 = D^2 D$, $D^4 = (D^2)^2$ と考えて計算する．

(1) $\dfrac{\sin x}{D^3+1} = \dfrac{\sin x}{D^2 D+1} = \dfrac{\sin x}{-D+1}$

(2) $\dfrac{\cos 2x}{D^4+1} = \dfrac{\cos 2x}{(D^2)^2+1} = \dfrac{\cos 2x}{16+1}$

例題 8.1 公式 8.1 を用いて解け．

(1) $3y'-3y = \sin x$ (2) $y''-3y'+2y = \cos 2x$

解 微分方程式から特性方程式を作り，特性解を計算して基本解を求める．次に右辺の三角関数 $\sin ax$, $\cos ax$ で，微分記号 D^2 に数値 $-a^2$ を代入するなどして特殊解を求める．

(1) $(3D-3)y = \sin x$

$\quad 3h-3 = 0, \quad h = 1$

$\quad y = Ce^x + \dfrac{\sin x}{3D-3}$

例 2(1) より

$\quad = Ce^x - \dfrac{1}{6}(\cos x + \sin x)$

(2) $(D^2-3D+2)y = \cos 2x$

$\quad h^2-3h+2 = 0$

$\quad (h-1)(h-2) = 0$

$\quad h = 1, 2$

$\quad y = C_1 e^x + C_2 e^{2x} + \dfrac{\cos 2x}{D^2-3D+2}$

例 2(2) より

$\quad = C_1 e^x + C_2 e^{2x} - \dfrac{1}{20}(3\sin 2x + \cos 2x)$

問 8.1 公式 8.1 を用いて解け．

(1) $y'-2y = \cos x$ (2) $3y'+4y = \sin 2x$

(3) $y''+3y'+2y = \cos\sqrt{2}x$ (4) $y''+2y'+y = \sin 3x$

(5) $y''-2y'+2y = \sin\sqrt{3}x$ (6) $y'''+y' = \cos 2x$

8.2 右辺が三角関数である場合の解法（その2）

右辺が三角関数である非同次な線形微分方程式を公式8.1(3)により解く.

例3 公式8.1(3)を用いて計算する.

(1) $\dfrac{\cos\sqrt{3}x}{D^2+3} = \dfrac{x}{2}\dfrac{\cos\sqrt{3}x}{D} = \dfrac{1}{2\sqrt{3}}x\sin\sqrt{3}x$

(2) $\dfrac{\sin\sqrt{3}x}{(D^2+3)^2} = \dfrac{x^2}{2!\,2^2}\dfrac{\sin\sqrt{3}x}{D^2} = -\dfrac{1}{24}x^2\sin\sqrt{3}x$

(3) $\dfrac{\cos x}{D^3+D} = \dfrac{\cos x}{D(D^2+1)} = \dfrac{x}{2}\dfrac{\cos x}{D^2} = -\dfrac{1}{2}x\cos x$

(4) $\dfrac{\sin x}{D^4-1} = \dfrac{\sin x}{(D^2-1)(D^2+1)} = \dfrac{1}{-2}\dfrac{x}{2}\dfrac{\sin x}{D} = \dfrac{1}{4}x\cos x$

注意 公式8.1(3)を用いるときは微分記号 D^2 の係数を1にする.

$$\dfrac{\cos\sqrt{3}x}{2D^2+6} = \dfrac{\cos\sqrt{3}x}{2(D^2+3)} = \dfrac{1}{2}\dfrac{x}{2}\dfrac{\cos\sqrt{3}x}{D} = \dfrac{1}{4\sqrt{3}}x\sin\sqrt{3}x$$

また，公式8.1(3)を用いたら，変数 x を分子から外に出す．正しくは例3(4)を見よ．

$$\dfrac{\sin x}{D^4-1} = \dfrac{\sin x}{(D^2-1)(D^2+1)} = \dfrac{x}{2(D^2-1)}\dfrac{\sin x}{D} \quad \mathsf{X}$$

例題 8.2 公式8.1を用いて解け．
(1) $y''+3y = \cos\sqrt{3}x$ (2) $y^{(4)}-y = \sin x$

解 微分方程式から特性方程式を作り，特性解を計算して基本解を求める．次に右辺の三角関数 $\sin ax$, $\cos ax$ で，微分記号 D^2 に数値 $-a^2$ を代入するなどして特殊解を求める．ただし，分母が0のときは公式8.1(3)を用いる．

(1) $(D^2+3)y = \cos\sqrt{3}x$

$h^2+3 = 0, \quad h = \pm\sqrt{3}\,i$

$y = C_1\cos\sqrt{3}x + C_2\sin\sqrt{3}x + \dfrac{\cos\sqrt{3}x}{D^2+3}$

例3(1)より

$= C_1\cos\sqrt{3}x + C_2\sin\sqrt{3}x + \dfrac{1}{2\sqrt{3}}x\sin\sqrt{3}x$

$= C_1\cos\sqrt{3}x + \left(C_2 + \dfrac{1}{2\sqrt{3}}x\right)\sin\sqrt{3}x$

(2) $(D^4-1)y = \sin x$

$h^4-1 = (h^2-1)(h^2+1) = 0$

$$h = \pm 1, \pm i$$

$$y = C_1 e^x + C_2 e^{-x} + C_3 \cos x + C_4 \sin x + \frac{\sin x}{D^4 - 1}$$

例 3 (4) より

$$= C_1 e^x + C_2 e^{-x} + C_3 \cos x + C_4 \sin x + \frac{1}{4} x \cos x$$

$$= C_1 e^x + C_2 e^{-x} + \left(C_3 + \frac{1}{4} x\right) \cos x + C_4 \sin x$$

問 8.2 公式 8.1 を用いて解け.

(1) $y'' + 2y = \sin \sqrt{2} x$ (2) $4y'' + 9y = \cos \frac{3}{2} x$

(3) $y''' + 4y' = \sin 2x$ (4) $2y^{(4)} - y'' - y = \cos \frac{x}{\sqrt{2}}$

注意 オイラーの公式を用いると三角関数は指数関数に直せるので，公式 7.1 が使える．指数関数 e^{iax} の実部と虚部より，次が成り立つ．

$$e^{iax} = \cos ax + i \sin ax$$

$$\mathrm{Re}\, e^{iax} = \cos ax \quad \text{(実部)}$$

$$\mathrm{Im}\, e^{iax} = \sin ax \quad \text{(虚部)}$$

例 4 指数関数を用いて計算する．

(1) $\displaystyle \frac{\sin x}{3D - 3} = \mathrm{Im}\, \frac{e^{ix}}{3(D-1)} = \frac{1}{3} \mathrm{Im}\, \frac{e^{ix}}{i - 1} = -\frac{1}{3} \mathrm{Im}\, \frac{e^{ix}}{1 - i}$

$$= -\frac{1}{3} \mathrm{Im}\, \frac{(\cos x + i \sin x)(1 + i)}{(1 - i)(1 + i)}$$

$$= -\frac{1}{3} \mathrm{Im}\, \frac{(\cos x - \sin x) + i(\cos x + \sin x)}{1 + 1}$$

$$= -\frac{1}{6} (\cos x + \sin x)$$

これは例 2 (1) と等しくなる．

(2) $\displaystyle \frac{\cos \sqrt{3} x}{D^2 + 3} = \mathrm{Re}\, \frac{e^{i\sqrt{3}x}}{D^2 + 3} = \mathrm{Re}\, \frac{e^{i\sqrt{3}x}}{(D + \sqrt{3}i)(D - \sqrt{3}i)}$

$$= \mathrm{Re}\, \frac{1}{2\sqrt{3}i} x e^{i\sqrt{3}x} = \frac{-1}{2\sqrt{3}} x \,\mathrm{Re}\, i(\cos \sqrt{3} x + i \sin \sqrt{3} x)$$

$$= \frac{-1}{2\sqrt{3}} x \,\mathrm{Re}\, (i \cos \sqrt{3} x - \sin \sqrt{3} x) = \frac{1}{2\sqrt{3}} x \sin \sqrt{3} x$$

これは例 3 (1) と等しくなる．

練習問題 8

1. 公式 8.1 を用いて解け．

(1) $y'+4y = \sin 2x$

(2) $4y'-6y = \cos\sqrt{3}x$

(3) $y''+y'-6y = \sin x$

(4) $y''+6y = \cos\sqrt{6}x$

(5) $y''+4y'+4y = \cos 2x$

(6) $4y''+y = \sin\dfrac{x}{2}$

(7) $y''-2y'+3y = \sin\sqrt{2}x$

(8) $3y''+2y = \cos\dfrac{x}{\sqrt{3}}$

(9) $y'''+3y''-y'-3y = \cos x$

(10) $y'''+6y''+12y'+8y = \sin x$

(11) $y'''-3y'-2y = \sin 2x$

(12) $y'''-y''+5y'-5y = \cos\sqrt{5}x$

(13) $y'''-11y'+20y = \cos 3x$

(14) $4y'''-8y''+y'-2y = \sin\dfrac{x}{2}$

(15) $y^{(4)}-5y''+4y = \sin\sqrt{3}x$

(16) $y^{(4)}+8y''-9y = \cos 3x$

(17) $y^{(4)}-2y'''+2y'-y = \cos\dfrac{x}{2}$

(18) $y^{(4)}+7y''+6y = \sin\sqrt{6}x$

(19) $y^{(4)}-2y''+y = \sin\sqrt{2}x$

(20) $4y^{(4)}+4y''+y = \cos\dfrac{x}{\sqrt{2}}$

解答

問 8.1 (1) $y = Ce^{2x}+\dfrac{1}{5}(\sin x - 2\cos x)$

(2) $y = Ce^{-\frac{4}{3}x}-\dfrac{1}{26}(3\cos 2x - 2\sin 2x)$

(3) $y = C_1 e^{-x}+C_2 e^{-2x}+\dfrac{1}{3\sqrt{2}}\sin\sqrt{2}x$

(4) $y = (C_1+C_2 x)e^{-x}-\dfrac{1}{50}(3\cos 3x+4\sin 3x)$

(5) $y = e^x(C_1\cos x+C_2\sin x)+\dfrac{1}{13}(2\sqrt{3}\cos\sqrt{3}x-\sin\sqrt{3}x)$

(6) $y = C_1+C_2\cos x+C_3\sin x-\dfrac{1}{6}\sin 2x$

問 8.2 (1) $y = \left(C_1-\dfrac{1}{2\sqrt{2}}x\right)\cos\sqrt{2}x+C_2\sin\sqrt{2}x$

(2) $y = C_1\cos\dfrac{3}{2}x+\left(C_2+\dfrac{1}{12}x\right)\sin\dfrac{3}{2}x$

(3) $\quad y = C_1 + C_2 \cos 2x + \left(C_3 - \dfrac{1}{8}x\right)\sin 2x$

(4) $\quad y = C_1 e^x + C_2 e^{-x} + C_3 \cos \dfrac{x}{\sqrt{2}} + \left(C_4 - \dfrac{1}{3\sqrt{2}}x\right)\sin \dfrac{x}{\sqrt{2}}$

練習問題 8

1. (1) $\quad y = Ce^{-4x} - \dfrac{1}{10}(\cos 2x - 2\sin 2x)$

(2) $\quad y = Ce^{\frac{3}{2}x} + \dfrac{1}{42}(2\sqrt{3}\sin\sqrt{3}x - 3\cos\sqrt{3}x)$

(3) $\quad y = C_1 e^{2x} + C_2 e^{-3x} - \dfrac{1}{50}(\cos x + 7\sin x)$

(4) $\quad y = C_1 \cos\sqrt{6}x + \left(C_2 + \dfrac{1}{2\sqrt{6}}x\right)\sin\sqrt{6}x$

(5) $\quad y = (C_1 + C_2 x)e^{-2x} + \dfrac{1}{8}\sin 2x$

(6) $\quad y = \left(C_1 - \dfrac{1}{4}x\right)\cos\dfrac{x}{2} + C_2 \sin\dfrac{x}{2}$

(7) $\quad y = e^x(C_1 \cos\sqrt{2}x + C_2 \sin\sqrt{2}x) + \dfrac{1}{9}(2\sqrt{2}\cos\sqrt{2}x + \sin\sqrt{2}x)$

(8) $\quad y = C_1 \cos\sqrt{\dfrac{2}{3}}x + C_2 \sin\sqrt{\dfrac{2}{3}}x + \cos\dfrac{x}{\sqrt{3}}$

(9) $\quad y = C_1 e^x + C_2 e^{-x} + C_3 e^{-3x} - \dfrac{1}{20}(\sin x + 3\cos x)$

(10) $\quad y = (C_1 + C_2 x + C_3 x^2)e^{-2x} - \dfrac{1}{125}(11\cos x - 2\sin x)$

(11) $\quad y = (C_1 + C_2 x)e^{-x} + C_3 e^{2x} + \dfrac{1}{100}(7\cos 2x - \sin 2x)$

(12) $\quad y = C_1 e^x + \left(C_2 - \dfrac{1}{12}x\right)\cos\sqrt{5}x + \left(C_3 - \dfrac{1}{12\sqrt{5}}x\right)\sin\sqrt{5}x$

(13) $\quad y = C_1 e^{-4x} + e^{2x}(C_2 \cos x + C_3 \sin x) - \dfrac{1}{200}(3\sin 3x - \cos 3x)$

(14) $\quad y = C_1 e^{2x} + \left(C_2 + \dfrac{2}{17}x\right)\cos\dfrac{x}{2} + \left(C_3 - \dfrac{1}{34}x\right)\sin\dfrac{x}{2}$

(15) $\quad y = C_1 e^x + C_2 e^{-x} + C_3 e^{2x} + C_4 e^{-2x} + \dfrac{1}{28}\sin\sqrt{3}x$

(16) $\quad y = C_1 e^x + C_2 e^{-x} + C_3 \cos 3x + \left(C_4 - \dfrac{1}{60}x\right)\sin 3x$

(17) $\quad y = (C_1 + C_2 x + C_3 x^2)e^x + C_4 e^{-x} + \dfrac{16}{125}\left(4\sin\dfrac{x}{2} - 3\sin\dfrac{x}{2}\right)$

(18) $\quad y = C_1 \cos x + C_2 \sin x + \left(C_3 + \dfrac{1}{10\sqrt{6}}x\right)\cos\sqrt{6}x + C_4 \sin\sqrt{6}x$

(19) $\quad y = (C_1 + C_2 x)e^x + (C_3 + C_4 x)e^{-x} + \dfrac{1}{9}\sin\sqrt{2}x$

(20) $\quad y = \left(C_1 + C_2 x - \dfrac{1}{16}x^2\right)\cos\dfrac{x}{\sqrt{2}} + (C_3 + C_4 x)\sin\dfrac{x}{\sqrt{2}}$

§9 定数係数非同次線形微分方程式（右辺が $e^{ax}f(x)$）

定数係数の同次線形微分方程式の解法を応用して，非同次線形微分方程式の解き方を考える．ここでは右辺が関数 $e^{ax}f(x)$ である定数係数の非同次線形微分方程式に取り組む．

9.1 右辺が関数 $e^{ax}f(x)$ である場合の解法

右辺が関数 $e^{ax}f(x)$ である非同次な線形微分方程式を解く．

例1 右辺が関数 $e^{ax}f(x)$ である線形微分方程式を見る．

(1) $y' - 2y = xe^x$
(2) $y' + y = e^{2x}\cos x$
(3) $y'' + 2y' + 2y = x^2 e^{-x}$
(4) $y'' - 2y = e^x \sin x$

関数 $e^{ax}f(x)$ を微分して指数関数を外に出すと，微分記号 D は数値 a をたして式 $D+a$ になる．

$$D\{e^{ax}f(x)\} = ae^{ax}f(x) + e^{ax}Df(x) = e^{ax}\{af(x) + Df(x)\}$$
$$= e^{ax}(D+a)f(x)$$

この結果をまとめておく．

公式 9.1 関数 $e^{ax}f(x)$ と微分の式
$$P(D)\{e^{ax}f(x)\} = e^{ax}P(D+a)f(x)$$

[解説] 関数 $e^{ax}f(x)$ に微分の式 $P(D)$ を掛けると，指数関数 e^{ax} を外に出して微分記号 D に数値 a をたす．

例2 公式 9.1 を用いて計算する．

(1) $\dfrac{xe^x}{D-2} = \dfrac{x}{(D+1)-2}e^x = \dfrac{x}{D-1}e^x = -(x+1)e^x$

$$\begin{array}{r} -x-1 \\ -1+D\overline{)x} \\ x-1 \\ \hline 1 \end{array}$$

(2) $\dfrac{e^{2x}\cos x}{D+1} = e^{2x}\dfrac{\cos x}{(D+2)+1} = e^{2x}\dfrac{\cos x}{D+3}$

$\phantom{(2)\ \dfrac{e^{2x}\cos x}{D+1}} = e^{2x}\dfrac{(D-3)\cos x}{D^2-9} = e^{2x}\dfrac{-\sin x - 3\cos x}{-1-9}$

$\phantom{(2)\ \dfrac{e^{2x}\cos x}{D+1}} = \dfrac{1}{10}e^{2x}(\sin x + 3\cos x)$

[注意] 微分記号 D に数値 a をたしたら，指数関数 e^{ax} を必ず外に出す．正しくは例 2 (1) を見よ．
$$\frac{xe^x}{D-2} = \frac{xe^x}{D-1} \quad \text{✗}$$

例題 9.1 公式 9.1 を用いて解け．
(1) $y'-2y = xe^x$ (2) $y'+y = e^{2x}\cos x$

[解] 微分方程式から特性方程式を作り，特性解を計算して基本解を求める．次に右辺の関数 $e^{ax}f(x)$ で指数関数 e^{ax} を外に出し，微分記号 D に数値 a をたして特殊解を求める．

(1) $(D-2)y = xe^x$

$h-2 = 0, \quad h = 2$

$y = Ce^{2x} + \dfrac{xe^x}{D-2}$

例 2 (1) より

$\quad = Ce^{2x} - (x+1)e^x$

(2) $(D+1)y = e^{2x}\cos x$

$h+1 = 0, \quad h = -1$

$y = Ce^{-x} + \dfrac{e^{2x}\cos x}{D+1}$

例 2 (2) より

$\quad = Ce^{-x} + \dfrac{1}{10}e^{2x}(\sin x + 3\cos x)$

問 9.1 公式 9.1 を用いて解け．
(1) $y'+2y = (x+1)e^{-x}$ (2) $y'-3y = x^2 e^x$
(3) $y'+y = e^x \sin x$ (4) $y'-2y = e^{-2x}\cos 2x$

例 3 公式 9.1 を用いて計算する．

(1) $\dfrac{x^2 e^{-x}}{D^2+2D+2} = \dfrac{x^2}{(D-1)^2+2(D-1)+2}e^{-x}$

$\quad = \dfrac{x^2}{D^2+1}e^{-x} = (x^2-2)e^{-x}$

$\begin{array}{r} x^2-2 \\ 1+D^2 \overline{)x^2} \\ x^2+2 \\ \hline -2 \end{array}$

(2) $\dfrac{e^x \sin x}{D^2-2} = e^x\dfrac{\sin x}{(D+1)^2-2} = e^x\dfrac{\sin x}{D^2+2D-1}$

$\quad = e^x\dfrac{\sin x}{-1+2D-1} = e^x\dfrac{\sin x}{2(D-1)}$

$\quad = \dfrac{1}{2}e^x\dfrac{(D+1)\sin x}{D^2-1} = \dfrac{1}{2}e^x\dfrac{\cos x + \sin x}{-2}$

$$= -\frac{1}{4}e^x(\cos x + \sin x)$$

> **例題 9.2** 公式 9.1 を用いて解け．
> (1) $y'' + 2y' + 2y = x^2 e^{-x}$　　(2) $y'' - 2y = e^x \sin x$

解 微分方程式から特性方程式を作り，特性解を計算して基本解を求める．次に右辺の関数 $e^{ax}f(x)$ で指数関数 e^{ax} を外に出し，微分記号 D に数値 a をたして特殊解を求める．

(1) $(D^2 + 2D + 2)y = x^2 e^{-x}$

$h^2 + 2h + 2 = 0$

$h = -1 \pm i$

$$y = C_1 e^{-x} \cos x + C_2 e^{-x} \sin x + \frac{x^2 e^{-x}}{D^2 + 2D + 2}$$

例 3 (1) より

$$= e^{-x}(C_1 \cos x + C_2 \sin x) + (x^2 - 2)e^{-x}$$
$$= e^{-x}(C_1 \cos x + C_2 \sin x + x^2 - 2)$$

(2) $(D^2 - 2)y = e^x \sin x$

$h^2 - 2 = 0, \quad h = \pm\sqrt{2}$

$$y = C_1 e^{\sqrt{2}x} + C_2 e^{-\sqrt{2}x} + \frac{e^x \sin x}{D^2 - 2}$$

例 3 (2) より

$$= C_1 e^{\sqrt{2}x} + C_2 e^{-\sqrt{2}x} - \frac{1}{4}e^x(\cos x + \sin x)$$

> **問 9.2** 公式 9.1 を用いて解け．
> (1) $y'' - y' - 6y = (4x+1)e^{2x}$　　(2) $y'' - 4y' + 4y = (x^2+2)e^{3x}$
> (3) $y'' - 2y' - 8y = e^{4x} \cos 2x$　　(4) $y'' + 2y' + 3y = e^{-x} \sin \sqrt{2}x$
> (5) $y''' - 3y'' + 2y' = x^2 e^x$　　(6) $y''' + 2y' = e^x \cos x$

練習問題 9

1. 公式 9.1 を用いて解け．
(1) $2y' + y = (x+2)e^{\frac{1}{2}x}$　　(2) $y' - 2y = e^{3x} \cos x$
(3) $2y' - 3y = (x^2 - 1)e^{2x}$　　(4) $3y' + 4y = e^{\frac{1}{3}x} \sin 2x$
(5) $y'' + y' - 2y = (x-1)e^{-2x}$　　(6) $y'' - 5y' + 6y = e^{2x} \cos \frac{x}{2}$
(7) $y'' - 2y' + y = (x^2+2)e^{3x}$　　(8) $y'' + 6y' + 9y = e^{-4x} \sin 3x$
(9) $y'' - 2y' + 4y = x^3 e^x$　　(10) $y'' + 4y' + 8y = e^{-2x} \cos 2x$

(11) $y'''+2y''-y'-2y = (x+1)e^x$

(12) $y'''-7y'+6y = e^x \cos\sqrt{2}x$

(13) $y'''-3y'+2y = (x^2+x)e^{-x}$

(14) $y'''-12y'-16y = e^{-2x}\sin\dfrac{x}{\sqrt{2}}$

(15) $8y'''+12y''+6y'+y = x^2 e^{\frac{1}{2}x}$

(16) $y'''-6y''+12y'-8y = e^{2x}\cos 3x$

(17) $y'''-10y'+24y = 12x^3 e^{2x}$

(18) $y'''-26y'+60y = e^{-6x}\sin x$

(19) $y^{(4)}-3y''+2y = (8x^3+500)e^{-x}$

(20) $y^{(4)}+4y''+3y = e^x \sin x$

【解答】

問 9.1 (1) $y = Ce^{-2x}+xe^{-x}$ (2) $y = Ce^{3x}-\left(\dfrac{1}{2}x^2+\dfrac{1}{2}x+\dfrac{1}{4}\right)e^x$

(3) $y = Ce^{-x}-\dfrac{1}{5}e^x(\cos x - 2\sin x)$

(4) $y = Ce^{2x}+\dfrac{1}{10}e^{-2x}(\sin 2x - 2\cos 2x)$

問 9.2 (1) $y = C_1 e^{-2x}+C_2 e^{3x}-(x+1)e^{2x}$

(2) $y = (C_1+C_2 x)e^{2x}+(x^2-4x+8)e^{3x}$

(3) $y = C_1 e^{-2x}+e^{4x}\left(C_2+\dfrac{3}{40}\sin 2x - \dfrac{1}{40}\cos 2x\right)$

(4) $y = e^{-x}\left\{\left(C_1-\dfrac{1}{2\sqrt{2}}x\right)\cos\sqrt{2}x + C_2 \sin\sqrt{2}x\right\}$

(5) $y = C_1+\left(C_2-\dfrac{1}{3}x^3-2x\right)e^x+C_3 e^{2x}$

(6) $y = C_1+C_2\cos\sqrt{2}x+C_3\sin\sqrt{2}x+\dfrac{1}{4}e^x\sin x$

練習問題 9

1. (1) $y = Ce^{-\frac{1}{2}x}+\left(\dfrac{1}{2}x+\dfrac{1}{2}\right)e^{\frac{1}{2}x}$

(2) $y = Ce^{2x}+\dfrac{1}{2}e^{3x}(\sin x + \cos x)$

(3) $y = Ce^{\frac{3}{2}x}+(x^2-4x+7)e^{2x}$

(4) $y = Ce^{-\frac{4}{3}x}-\dfrac{1}{61}e^{\frac{1}{3}x}(6\cos 2x - 5\sin 2x)$

(5) $y = C_1 e^x+\left(C_2-\dfrac{1}{6}x^2+\dfrac{2}{9}x\right)e^{-2x}$

(6) $y = e^{2x}\left(C_1-\dfrac{8}{5}\sin\dfrac{x}{2}-\dfrac{4}{5}\cos\dfrac{x}{2}\right)+C_2 e^{3x}$

(7) $y = (C_1+C_2 x)e^x+\left(\dfrac{1}{4}x^2-\dfrac{1}{2}x+\dfrac{7}{8}\right)e^{3x}$

(8) $y = (C_1+C_2 x)e^{-3x}+\dfrac{1}{50}e^{-4x}(3\cos 3x - 4\sin 3x)$

(9) $y = e^x \left(C_1 \cos \sqrt{3}x + C_2 \sin \sqrt{3}x + \dfrac{1}{3}x^3 - \dfrac{2}{3}x \right)$

(10) $y = e^{-2x} \left\{ C_1 \cos 2x + \left(C_2 + \dfrac{1}{4}x \right) \sin 2x \right\}$

(11) $y = \left(C_1 + \dfrac{1}{12}x^2 + \dfrac{1}{36}x \right) e^x + C_2 e^{-x} + C_3 e^{-2x}$

(12) $y = e^x \left(C_1 - \dfrac{1}{9\sqrt{2}} \sin \sqrt{2}x - \dfrac{1}{18} \cos \sqrt{2}x \right) + C_2 e^{2x} + C_3 e^{-3x}$

(13) $y = (C_1 + C_2 x)e^x + C_3 e^{-2x} + \left(\dfrac{1}{4}x^2 + \dfrac{1}{4}x + \dfrac{3}{8} \right) e^{-x}$

(14) $y = e^{-2x} \left(C_1 + C_2 x + \dfrac{2\sqrt{2}}{73} \cos \dfrac{x}{\sqrt{2}} + \dfrac{24}{73} \sin \dfrac{x}{\sqrt{2}} \right) + C_3 e^{4x}$

(15) $y = (C_1 + C_2 x + C_3 x^2) e^{-\frac{1}{2}x} + \dfrac{1}{8}(x^2 - 6x + 12) e^{\frac{1}{2}x}$

(16) $y = \left(C_1 + C_2 x + C_3 x^2 - \dfrac{1}{27} \sin 3x \right) e^{2x}$

(17) $y = C_1 e^{-4x} + e^{2x} \left(C_2 \cos \sqrt{2}x + C_3 \sin \sqrt{2}x + x^3 - \dfrac{1}{2}x^2 - \dfrac{17}{6}x + \dfrac{17}{36} \right)$

(18) $y = e^{-6x} \left(C_1 - \dfrac{1}{85} \cos x + \dfrac{2}{765} \sin x \right) + e^{3x} (C_2 \cos x + C_3 \sin x)$

(19) $y = C_1 e^x + (x^4 - 6x^3 + 51x^2 + 13x + C_2) e^{-x} + C_3 e^{\sqrt{2}x} + C_4 e^{-\sqrt{2}x}$

(20) $y = C_1 \cos x + C_2 \sin x + C_3 \cos \sqrt{3}x + C_4 \sin \sqrt{3}x$
      $\quad - \dfrac{1}{65} e^x (8 \cos x + \sin x)$

§10 定数係数非同次線形微分方程式（右辺が $x^n f(x)$）

定数係数の同次線形微分方程式の解法を応用して，非同次線形微分方程式の解き方を考える．ここでは右辺が関数 $x^n f(x)$ である定数係数の非同次線形微分方程式に取り組む．

10.1 右辺が関数 $xf(x)$ である場合の解法

右辺が関数 $xf(x)$ である非同次な線形微分方程式を解く．

例 1 右辺が関数 $xf(x)$ である線形微分方程式を見る．
(1) $y' - 2y = x \sin x$
(2) $y'' - y = x \cos x$

ここで微分の式 $P(D)$ の微分 $P'(D)$ を考える．

例 2 微分の式を微分する．
(1) $(D)' = 1$
(2) $(D^2)' = 2D$
(3) $\left(\dfrac{1}{D-2}\right)' = -\dfrac{1}{(D-2)^2}$
(4) $\left(\dfrac{1}{D^2-1}\right)' = -\dfrac{2D}{(D^2-1)^2}$

関数 $xf(x)$ を微分すると次が成り立つ．
(1) $D\{xf(x)\} = xDf(x) + f(x) = xDf(x) + (D)'f(x)$
(2) $D^2\{xf(x)\} = D\{xDf(x) + f(x)\} = xD^2f(x) + Df(x) + Df(x)$
$\qquad = xD^2f(x) + 2Df(x) = xD^2f(x) + (D^2)'f(x)$

この結果をまとめておく．

> **公式 10.1** 関数 $xf(x)$ と微分の式
> $$P(D)\{xf(x)\} = xP(D)f(x) + (x)'P'(D)f(x)$$
> $$\qquad\qquad = xP(D)f(x) + P'(D)f(x)$$

解説 関数 $xf(x)$ に微分の式 $P(D)$ を掛けると，関数 x と微分の式 $P(D)$ を微分する．

例 3 公式 10.1 を用いて計算する．
$$\dfrac{x \sin x}{D-2} = x \dfrac{\sin x}{D-2} + \left(\dfrac{1}{D-2}\right)' \sin x = x \dfrac{\sin x}{D-2} - \dfrac{\sin x}{(D-2)^2}$$
$$= x \dfrac{(D+2)\sin x}{D^2-4} - \dfrac{(D+2)^2 \sin x}{(D^2-4)^2}$$
$$= x \dfrac{\cos x + 2\sin x}{-5} - \dfrac{(D^2+4D+4)\sin x}{25}$$

$$= -\frac{1}{5}x(\cos x + 2\sin x) - \frac{1}{25}(4\cos x + 3\sin x)$$

[注意] 公式 10.1 を用いたら，変数 x を分子から外に出す．正しくは例 3 を見よ．
$$\frac{x\sin x}{D-2} = \frac{x\sin x}{D-2} + \left(\frac{1}{D-2}\right)'\sin x \quad \text{✗}$$

例題 10.1 公式 10.1 を用いて解け．
$$y' - 2y = x\sin x$$

[解] 微分方程式から特性方程式を作り，特性解を計算して基本解を求める．次に右辺の関数 $xf(x)$ で関数 x と微分の式を微分して，特殊解を求める．

$$(D-2)y = x\sin x$$
$$h - 2 = 0, \quad h = 2$$
$$y = Ce^{2x} + \frac{x\sin x}{D-2}$$

例 3 より
$$= Ce^{2x} - \frac{1}{5}x(\cos x + 2\sin x) - \frac{1}{25}(4\cos x + 3\sin x)$$

問 10.1 公式 10.1 を用いて解け．

(1) $y' + 2y = x\cos x$ \quad (2) $y' - 3y = x\sin x$

(3) $2y' + y = x\sin\sqrt{2}x$ \quad (4) $3y' - 2y = x\cos\dfrac{x}{3}$

例 4 公式 10.1 を用いて計算する．
$$\frac{x\cos x}{D^2 - 1} = x\frac{\cos x}{D^2 - 1} + \left(\frac{1}{D^2 - 1}\right)'\cos x = x\frac{\cos x}{D^2 - 1} - \frac{2D\cos x}{(D^2 - 1)^2}$$
$$= x\frac{\cos x}{-2} + \frac{2\sin x}{4} = -\frac{1}{2}x\cos x + \frac{1}{2}\sin x$$

例題 10.2 公式 10.1 を用いて解け．
$$y'' - y = x\cos x$$

[解] 微分方程式から特性方程式を作り，特性解を計算して基本解を求める．次に右辺の関数 $xf(x)$ で関数 x と微分の式を微分して，特殊解を求める．

$$(D^2 - 1)y = x\cos x$$
$$h^2 - 1 = 0, \quad h = \pm 1$$
$$y = C_1 e^x + C_2 e^{-x} + \frac{x\cos x}{D^2 - 1}$$

例 4 より

$$= C_1 e^x + C_2 e^{-x} - \frac{1}{2} x \cos x + \frac{1}{2} \sin x$$

問 10.2 公式 10.1 を用いて解け．
(1) $y'' + 3y = x \cos x$ 　　(2) $y'' - 4y = x \sin x$
(3) $y'' - 2y' + y = x \sin \sqrt{3} x$ 　　(4) $y'' - 5y' + 4y = x \cos 2x$

10.2 右辺が関数 $x^2 f(x)$, $x^n f(x)$ である場合の解法

右辺が関数 $x^2 f(x)$, $x^n f(x)$ ($n = 1, 2, \cdots$) である非同次な線形微分方程式を解く．

例 5 右辺が関数 $x^2 f(x)$ である線形微分方程式を見る．
$$y'' + y = x^2 \sin x$$

関数 $x^2 f(x)$ を微分すると次が成り立つ．
(1) $D\{x^2 f(x)\} = x^2 Df(x) + 2x f(x) = x^2 Df(x) + (x^2)'(D)' f(x)$
(2) $D^2\{x^2 f(x)\} = D\{x^2 Df(x) + 2x f(x)\}$
$\qquad = x^2 D^2 f(x) + 2x Df(x) + 2x Df(x) + 2 f(x)$
$\qquad = x^2 D^2 f(x) + 4x Df(x) + 2 f(x)$
$\qquad = x^2 D^2 f(x) + (x^2)'(D^2)' f(x) + \frac{1}{2}(x^2)''(D^2)'' f(x)$

この結果をまとめておく．また関数 $x^n f(x)$ では次が成り立つ．

公式 10.2 関数 $x^2 f(x)$, $x^n f(x)$ と微分の式
(1) $P(D)(x^2 f(x))$
$\quad = x^2 P(D) f(x) + (x^2)' P'(D) f(x) + \frac{1}{2}(x^2)'' P''(D) f(x)$
$\quad = x^2 P(D) f(x) + 2x P'(D) f(x) + P''(D) f(x)$
(2) $P(D)(x^n f(x))$
$\quad = x^n P(D) f(x) + (x^n)' P'(D) f(x) + \frac{1}{2!}(x^n)'' P''(D) f(x)$
$\quad\quad + \cdots + \frac{1}{n!}(x^n)^{(n)} P^{(n)}(D) f(x)$
$\quad = x^n P(D) f(x) + nx^{n-1} P'(D) f(x) + \frac{n(n-1)}{2!} x^{n-2} P''(D) f(x)$
$\quad\quad + \cdots + P^{(n)}(D) f(x)$
($n = 1, 2, \cdots$, $(x^n)^{(n)}$ と $P^{(n)}(D)$ は n 次微分)

[解説] (1) では関数 $x^2 f(x)$ に微分の式 $P(D)$ を掛けると，関数 x^2 と微分の式 $P(D)$ を微分する．(2) では関数 $x^n f(x)$ に微分の式 $P(D)$ を掛けると，関数 x^n と微分の式 $P(D)$ を微分する．

例6 公式 10.2 を用いて計算する．

$$\frac{x^2 \sin x}{D+1} = x^2 \frac{\sin x}{D+1} + 2x \left(\frac{1}{D+1}\right)' \sin x + \left(\frac{1}{D+1}\right)'' \sin x$$

$$= x^2 \frac{\sin x}{D+1} - 2x \frac{\sin x}{(D+1)^2} + \frac{2\sin x}{(D+1)^3}$$

$$= x^2 \frac{(D-1)\sin x}{D^2-1} - 2x \frac{(D-1)^2 \sin x}{(D^2-1)^2} + \frac{2(D-1)^3 \sin x}{(D^2-1)^3}$$

$$= x^2 \frac{\cos x - \sin x}{-2} - 2x \frac{(D^2-2D+1)\sin x}{4}$$

$$\quad + \frac{2(D^3-3D^2+3D-1)\sin x}{-8}$$

$$= -\frac{1}{2} x^2 (\cos x - \sin x) + x \cos x - \frac{1}{2}(\cos x + \sin x) \quad \blacksquare$$

> **例題 10.3** 公式 10.2 を用いて解け．
> $$y' + y = x^2 \sin x$$

解 微分方程式から特性方程式を作り，特性解を計算して基本解を求める．次に右辺の関数 $x^2 f(x)$ で関数 x^2 と微分の式を微分して，特殊解を求める．

$$(D+1)y = x^2 \sin x$$
$$h+1 = 0, \quad h = -1$$
$$y = Ce^{-x} + \frac{x^2 \sin x}{D+1}$$

例 6 より

$$= Ce^{-x} - \frac{1}{2} x^2 (\cos x - \sin x) + x \cos x - \frac{1}{2}(\cos x + \sin x) \quad \blacksquare$$

問 10.3 公式 10.2 を用いて解け．

(1) $y' + 3y = x^2 \sin x$ (2) $y' - y = x^2 \cos 2x$

注意1 関数が（多項式）$\times f(x)$ でも公式 10.1，10.2 は成立する．

$$\frac{(x+1)\sin x}{D-1} = (x+1)\frac{\sin x}{D-1} - (x+1)'\left(\frac{1}{D-1}\right)' \sin x$$

$$= (x+1)\frac{\sin x}{D-1} - \frac{\sin x}{(D-1)^2}$$

$$= (x+1)\frac{(D+1)\sin x}{D^2-1} - \frac{(D+1)^2 \sin x}{(D^2-1)^2}$$

$$= (x+1)\frac{\cos x + \sin x}{-2} - \frac{(D^2+2D+1)\sin x}{4}$$

$$= -\frac{1}{2}(x+1)(\cos x + \sin x) - \frac{1}{2}\cos x$$

注意2 三角関数 $f(x) = \sin ax, \cos ax$ で，微分記号 D^2 に数値 $-a^2$ を代入

して分母が 0 になる（分母に式 D^2+a^2 がある）場合は，公式 10.1, 10.2 を使えない．例題 8.2 の注意のように，指数関数 $\mathrm{Re}\, e^{iax}=\cos ax$, $\mathrm{Im}\, e^{iax}=\sin ax$ と公式 9.1 を用いて計算する．

例 7 指数関数を用いて計算する．

(1) 公式 10.1, 10.2 を用いると，微分してもはじめの関数 $x\sin x$ に戻らない．

$$\frac{x\sin x}{D^2+1}=x\frac{\sin x}{D^2+1}-\frac{2D\sin x}{(D^2+1)^2}=x\frac{x}{2}\frac{\sin x}{D}-\frac{x^2}{8}\frac{2\cos x}{D^2}$$

$$=-\frac{1}{2}x^2\cos x+\frac{1}{4}x^2\cos x=-\frac{1}{4}x^2\cos x$$

$$(D^2+1)\left(-\frac{1}{4}x^2\cos x\right)=x\sin x-\frac{1}{2}\cos x$$

(2) 指数関数を用いると，微分してはじめの関数 $x\sin x$ に戻る．

$$\frac{x\sin x}{D^2+1}=\mathrm{Im}\,\frac{xe^{ix}}{D^2+1}=\mathrm{Im}\,\frac{x}{(D+i)^2+1}e^{ix}=\mathrm{Im}\,\frac{x}{D^2+2iD}e^{ix}$$

$$=\mathrm{Im}\left(-\frac{i}{4}x^2+\frac{1}{4}x\right)e^{ix}$$

$$=\mathrm{Im}\left(-\frac{i}{4}x^2+\frac{1}{4}x\right)(\cos x+i\sin x)$$

$$=-\frac{1}{4}x^2\cos x+\frac{1}{4}x\sin x$$

$$(D^2+1)\left(-\frac{1}{4}x^2\cos x+\frac{1}{4}x\sin x\right)=x\sin x$$

$$\begin{array}{r}-\dfrac{i}{4}x^2+\dfrac{1}{4}x\\[2pt]2iD+D^2\overline{\smash{)}\ x}\\[2pt]x-\dfrac{i}{2}\\[2pt]\hline\dfrac{i}{2}\end{array}$$

練習問題 10

1. 公式 10.1, 10.2 を用いて解け．

(1) $y'+4y=x\cos 2x$ (2) $y'-2y=x\sin\sqrt{3}x$

(3) $3y'+4y=x\sin\dfrac{x}{3}$ (4) $2y'-3y=x\cos\dfrac{x}{2}$

(5) $y''+4y=x\cos 4x$ (6) $9y''-y=x\sin\dfrac{x}{3}$

(7) $y''+6y'+9y=x\sin 3x$ (8) $3y''-3y'+y=x\cos\sqrt{\dfrac{2}{3}}x$

(9) $y'''-8y=x\cos 2x$ (10) $y'''+y'=x\sin\sqrt{2}x$

(11) $y'''-2y''=x\sin x$ (12) $y'''-7y'+6y=x\cos x$

(13) $y^{(4)}+y''-2y=x\cos x$ (14) $y^{(4)}-16y=x\sin\sqrt{3}x$

(15) $y'+2y=x^2\sin\sqrt{2}x$ (16) $y'-2y=x^2\cos x$

(17) $y'' - 4y = x^2 \cos 2x$ (18) $y'' + 4y = x^2 \sin \sqrt{3} x$

(19) $y' - y = x^3 \sin x$

(20) $y'' + y = 4x \cos x$ ($\cos x = \text{Re } e^{ix}$ とおく)

解答

問 10.1 (1) $y = Ce^{-2x} + \dfrac{1}{5} x(\sin x + 2\cos x) - \dfrac{1}{25}(4\sin x + 3\cos x)$

(2) $y = Ce^{3x} - \dfrac{1}{10} x(\cos x + 3\sin x) - \dfrac{1}{50}(3\cos x + 4\sin x)$

(3) $y = Ce^{-\frac{1}{2}x} - \dfrac{1}{9} x(2\sqrt{2} \cos \sqrt{2} x - \sin \sqrt{2} x)$

$\quad + \dfrac{2}{81}(4\sqrt{2} \cos \sqrt{2} x + 7 \sin \sqrt{2} x)$

(4) $y = Ce^{\frac{2}{3}x} + \dfrac{1}{5} x\left(\sin \dfrac{x}{3} - 2\cos \dfrac{x}{3}\right) + \dfrac{3}{25}\left(4 \sin \dfrac{x}{3} - 3\cos \dfrac{x}{3}\right)$

問 10.2 (1) $y = C_1 \cos \sqrt{3} x + C_2 \sin \sqrt{3} x + \dfrac{1}{2} x \cos x + \dfrac{1}{2} \sin x$

(2) $y = C_1 e^{2x} + C_2 e^{-2x} - \dfrac{1}{5} x \sin x - \dfrac{2}{25} \cos x$

(3) $y = (C_1 + C_2 x) e^x + \dfrac{1}{8} x(\sqrt{3} \cos \sqrt{3} x - \sin \sqrt{3} x) - \dfrac{1}{4} \sin \sqrt{3} x$

(4) $y = C_1 e^x + C_2 e^{4x} - \dfrac{1}{10} x \sin 2x - \dfrac{1}{100}(4 \sin 2x + 5 \cos 2x)$

問 10.3 (1) $y = Ce^{-3x} - \dfrac{1}{10} x^2 (\cos x - 3\sin x) + \dfrac{1}{25} x(3\cos x - 4\sin x)$

$\quad - \dfrac{1}{250}(13 \cos x - 9 \sin x)$

(2) $y = Ce^x + \dfrac{1}{5} x^2 (2\sin 2x - \cos 2x) + \dfrac{2}{25} x(4\sin 2x + 3\cos 2x)$

$\quad - \dfrac{2}{125}(2\sin 2x - 11\cos 2x)$

練習問題 10

1. (1) $y = Ce^{-4x} + \dfrac{1}{10} x(\sin 2x + 2\cos 2x) - \dfrac{1}{100}(4\sin 2x + 3\cos 2x)$

(2) $y = Ce^{2x} - \dfrac{1}{7} x(\sqrt{3} \cos \sqrt{3} x + 2\sin \sqrt{3} x) - \dfrac{1}{49}(4\sqrt{3} \cos \sqrt{3} x + \sin \sqrt{3} x)$

(3) $y = Ce^{-\frac{4}{3}x} - \dfrac{1}{17} x\left(\cos \dfrac{x}{3} - 4\sin \dfrac{x}{3}\right) + \dfrac{3}{289}\left(8\cos \dfrac{x}{3} - 15\sin \dfrac{x}{3}\right)$

(4) $y = Ce^{\frac{3}{2}x} + \dfrac{1}{10} x\left(\sin \dfrac{x}{2} - 3\cos \dfrac{x}{2}\right) + \dfrac{1}{25}\left(3\sin \dfrac{x}{2} - 4\cos \dfrac{x}{2}\right)$

(5) $y = C_1 \cos 2x + C_2 \sin 2x - \dfrac{1}{12} x \cos 4x + \dfrac{1}{18} \sin 4x$

(6) $y = C_1 e^{\frac{1}{3}x} + C_2 e^{-\frac{1}{3}x} - \dfrac{1}{2} x \sin \dfrac{x}{3} - \dfrac{3}{2} \cos \dfrac{x}{3}$

(7) $y = (C_1 + C_2 x) e^{-3x} - \dfrac{1}{18} x \cos 3x + \dfrac{1}{54}(\cos 3x + \sin 3x)$

(8) $y = e^{\frac{1}{2}x}\left(C_1 \cos \dfrac{x}{2\sqrt{3}} + C_2 \sin \dfrac{x}{2\sqrt{3}}\right) - \dfrac{1}{7} x\left(\sqrt{6} \sin \sqrt{\dfrac{2}{3}} x + \cos \sqrt{\dfrac{2}{3}} x\right)$

$$-\frac{3}{49}\left(4\sqrt{\frac{2}{3}}\sin\sqrt{\frac{2}{3}}x+13\cos\sqrt{\frac{2}{3}}x\right)$$

(9) $y = C_1 e^{2x} + e^{-x}(C_2 \cos\sqrt{3}x + C_3 \sin\sqrt{3}x) - \dfrac{1}{16}x(\sin 2x + \cos 2x)$

$\qquad + \dfrac{3}{32}\sin 2x$

(10) $y = C_1 + C_2 \cos x + C_3 \sin x + \dfrac{1}{\sqrt{2}}x\cos\sqrt{2}x - \dfrac{5}{2}\sin\sqrt{2}x$

(11) $y = C_1 + C_2 x + C_3 e^{2x} + \dfrac{1}{5}x(\cos x + 2\sin x) + \dfrac{1}{25}(24\cos x - 7\sin x)$

(12) $y = C_1 e^x + C_2 e^{2x} + C_3 e^{-3x} - \dfrac{1}{50}x(4\sin x - 3\cos x)$

$\qquad - \dfrac{1}{250}(24\sin x + 7\cos x)$

(13) $y = C_1 e^x + C_2 e^{-x} + C_3 \cos\sqrt{2}x + C_4 \sin\sqrt{2}x - \dfrac{1}{2}x\cos x - \dfrac{1}{2}\sin x$

(14) $y = C_1 e^{2x} + C_2 e^{-2x} + C_3 \cos 2x + C_4 \sin 2x - \dfrac{1}{7}x\sin\sqrt{3}x$

$\qquad + \dfrac{12\sqrt{3}}{49}\cos\sqrt{3}x$

(15) $y = Ce^{-2x} - \dfrac{1}{3\sqrt{2}}x^2(\cos\sqrt{2}x - \sqrt{2}\sin\sqrt{2}x) + \dfrac{1}{9}x(2\sqrt{2}\cos\sqrt{2}x$

$\qquad -\sin\sqrt{2}x) - \dfrac{1}{54}(5\sqrt{2}\cos\sqrt{2}x + 2\sin\sqrt{2}x)$

(16) $y = Ce^{2x} + \dfrac{1}{5}x^2(\sin x - 2\cos x) + \dfrac{2}{25}x(4\sin x - 3\cos x)$

$\qquad + \dfrac{2}{125}(11\sin x - 2\cos x)$

(17) $y = C_1 e^{2x} + C_2 e^{-2x} - \dfrac{1}{8}x^2 \cos 2x + \dfrac{1}{8}x\sin 2x + \dfrac{1}{32}\cos 2x$

(18) $y = C_1 \cos 2x + C_2 \sin 2x + x^2 \sin\sqrt{3}x - 4\sqrt{3}x\cos\sqrt{3}x - 26\sin\sqrt{3}x$

(19) $y = Ce^x - \dfrac{1}{2}x^3(\cos x + \sin x) - \dfrac{3}{2}x^2 \cos x - \dfrac{3}{2}x(\cos x - \sin x) + \dfrac{3}{2}\sin x$

(20) $y = (C_1 + x)\cos x + (C_2 + x^2)\sin x$

§11 定数係数非同次線形微分方程式（右辺が関数の和，積）

定数係数の同次線形微分方程式の解法を応用して，非同次線形微分方程式の解き方を考える．ここでは右辺が関数の和や積である定数係数の非同次線形微分方程式に取り組む．

11.1 右辺が関数の和である場合の解法

右辺が関数の和である非同次な線形微分方程式を解く．

例 1 右辺が関数の和である線形微分方程式を見る．
(1) $y'+y = e^{-x}+2x+3$
(2) $y''-2y'+2y = e^x+\sin x$

公式 4.1 より関数の和について次が成り立つ．

公式 11.1 関数の和と微分の式
$$P(D)\{f(x)+g(x)\} = P(D)f(x)+P(D)g(x)$$

[解説] 関数の和を分けて微分する．

例 2 公式 11.1 を用いて計算する．

(1) $\dfrac{e^{-x}+2x+3}{D+1} = \dfrac{e^{-x}}{D+1}+\dfrac{2x+3}{D+1} = xe^{-x}+2x+1$

$$\begin{array}{r} 2x+1 \\ 1+D \overline{)\, 2x+3} \\ 2x+2 \\ \hline 1 \end{array}$$

(2) $\dfrac{e^x+\sin x}{D^2-2D+2} = \dfrac{e^x}{D^2-2D+2}+\dfrac{\sin x}{D^2-2D+2} = \dfrac{e^x}{1-2+2}+\dfrac{\sin x}{-2D+1}$

$\phantom{(2)\ \dfrac{e^x+\sin x}{D^2-2D+2}} = e^x - \dfrac{(2D+1)\sin x}{4D^2-1} = e^x - \dfrac{2\cos x+\sin x}{-5}$

$\phantom{(2)\ \dfrac{e^x+\sin x}{D^2-2D+2}} = e^x + \dfrac{1}{5}(2\cos x+\sin x)$

[注意] 細かく分解し過ぎない．ここでは関数 $2x+3$ を分解しない．正しくは例 2 (1) を見よ．

$$\dfrac{e^{-x}+2x+3}{D+1} = \dfrac{e^{-x}}{D+1}+\dfrac{2x}{D+1}+\dfrac{3}{D+1} \quad \times$$

例題 11.1 公式 11.1 を用いて解け．
(1) $y'+y = e^{-x}+2x+3$ (2) $y''-2y'+2y = e^x+\sin x$

[解] 微分方程式から特性方程式を作り，特性解を計算して基本解を求める．次に右辺の関数の和を分けて，特殊解を求める．

(1) $(D+1)y = e^{-x}+2x+3$

$$h+1=0, \quad h=-1$$

例 2 (1) より

$$y = Ce^{-x} + \frac{e^{-x}}{D+1} + \frac{2x+3}{D+1} = Ce^{-x} + xe^{-x} + 2x+1$$
$$= (C+x)e^{-x} + 2x+1$$

(2) $(D^2-2D+2)y = e^x + \sin x$

$$h^2-2h+2 = 0$$
$$h = 1 \pm i$$

例 2 (2) より

$$y = C_1 e^x \cos x + C_2 e^x \sin x + \frac{e^x}{D^2-2D+2} + \frac{\sin x}{D^2-2D+2}$$
$$= e^x(C_1 \cos x + C_2 \sin x) + e^x + \frac{1}{5}(2\cos x + \sin x)$$

問 11.1 公式 11.1 を用いて解け．

(1) $y' - 4y = \sin x + 16x^2$ (2) $3y' + y = e^x + \cos 3x$
(3) $y'' - 2y = \cos 2x + x^2 - 1$ (4) $y'' + 4y' + 4y = e^{-2x} + 4x^3$

11.2 右辺が関数の積である場合の解法

右辺が関数の積である非同次な線形微分方程式を解く．

例 3 右辺が関数の積である線形微分方程式を見る．

(1) $y' - y = xe^x \cos x$
(2) $y'' + 2y' = xe^{-x} \sin x$

公式 9.1，10.1，10.2 を組み合わせると，次が成り立つ．

公式 11.2 関数の積と微分の式

(1) $P(D)\{xe^{ax}f(x)\} = e^{ax}\{xP(D+a)f(x) + (x)'P'(D+a)f(x)\}$
$$= e^{ax}\{xP(D+a)f(x) + P'(D+a)f(x)\}$$

(2) $P(D)\{x^2 e^{ax} f(x)\}$
$$= e^{ax}\Big\{x^2 P(D+a)f(x) + (x^2)'P'(D+a)f(x)$$
$$+ \frac{1}{2}(x^2)''P''(D+a)f(x)\Big\}$$
$$= e^{ax}\{x^2 P(D+a)f(x) + 2xP'(D+a)f(x) + P''(D+a)f(x)\}$$

(3) $P(D)\{x^n e^{ax} f(x)\}$
$$= e^{ax}\Big\{x^n P(D+a)f(x) + (x^n)'P'(D+a)f(x)$$
$$+ \frac{1}{2!}(x^n)''P''(D+a)f(x) + \cdots + \frac{1}{n!}(x^n)^{(n)}P^{(n)}(D+a)f(x)\Big\}$$

$$= e^{ax}\Big\{x^n P(D+a)f(x) + nx^{n-1} P'(D+a)f(x)$$
$$+ \frac{n(n-1)}{2!} x^{n-2} P''(D+a)f(x) + \cdots + P^{(n)}(D+a)f(x)\Big\}$$
$$(n = 1, 2, \cdots, (x^n)^{(n)} \text{ と } P^{(n)}(D+a) \text{ は } n \text{ 次微分})$$

解説 (1)では関数 $xe^{ax}f(x)$ に微分の式 $P(D)$ を掛けると，指数関数 e^{ax} を外に出し，微分記号 D に数値 a をたす．そして関数 x と微分の式 $P(D+a)$ を微分する．(2)では関数 $x^2 e^{ax} f(x)$ に微分の式 $P(D)$ を掛けると，指数関数 e^{ax} を外に出し，微分記号 D に数値 a をたす．そして関数 x^2 と微分の式 $P(D+a)$ を微分する．(3)では関数 $x^n e^{ax} f(x)$ に微分の式 $P(D)$ を掛けると，指数関数 e^{ax} を外に出し，微分記号 D に数値 a をたす．そして関数 x^n と微分の式 $P(D+a)$ を微分する．

例 4 公式 11.2 を用いて計算する．

(1) $\dfrac{xe^x \cos x}{D-1} = e^x \dfrac{x \cos x}{D} = e^x \Big\{x \dfrac{\cos x}{D} + \Big(\dfrac{1}{D}\Big)' \cos x\Big\}$
$\qquad = e^x \Big(x \dfrac{\cos x}{D} - \dfrac{\cos x}{D^2}\Big) = e^x (x \sin x + \cos x)$

(2) $\dfrac{xe^{-x} \sin x}{D^2 + 2D} = e^{-x} \dfrac{x \sin x}{D^2 - 1} = e^{-x}\Big\{x \dfrac{\sin x}{D^2 - 1} + \Big(\dfrac{1}{D^2 - 1}\Big)' \sin x\Big\}$
$\qquad = e^{-x}\Big\{x\dfrac{\sin x}{D^2 - 1} - \dfrac{2D \sin x}{(D^2 - 1)^2}\Big\} = e^{-x}\Big(x\dfrac{\sin x}{-2} - \dfrac{2 \cos x}{4}\Big)$
$\qquad = -\dfrac{1}{2} e^{-x} (x \sin x + \cos x)$

例題 11.2 公式 11.2 を用いて解け．
(1) $y' - y = xe^x \cos x$ (2) $y'' + 2y' = xe^{-x} \sin x$

解 微分方程式から特性方程式を作り，特性解を計算して基本解を求める．次に右辺の関数 $xe^{ax}f(x)$ で指数関数を外に出し，微分記号 D に数値 a をたす．そして関数 x と微分の式を微分して，特殊解を求める．

(1) $(D-1)y = xe^x \cos x$
$\quad h - 1 = 0, \quad h = 1$
$\quad y = Ce^x + \dfrac{xe^x \cos x}{D-1}$

例 4 (1) より
$\quad = Ce^x + e^x(x \sin x + \cos x) = e^x(C + x \sin x + \cos x)$

(2) $(D^2 + 2D)y = xe^{-x} \sin x$
$\quad h^2 + 2h = 0$

$$h(h+2) = 0$$
$$h = 0, -2$$
$$y = C_1 + C_2 e^{-2x} + \frac{xe^{-x}\sin x}{D^2+2D}$$

例 4（2）より
$$= C_1 + C_2 e^{-2x} - \frac{1}{2} e^{-x}(x\sin x + \cos x)$$

問 11.2 公式 11.2 を用いて解け．

(1) $y' + 3y = xe^{-3x}\sin x$ (2) $2y' - 3y = xe^{2x}\cos x$

(3) $y'' - 2y' + 3y = xe^x \cos 2x$

(4) $y'' - 6y' + 9y = xe^{3x}\sin 3x$

[注意] 例題 10.3 の注意 1 と同様に，関数が $e^{ax}\times$（多項式）$\times f(x)$ でも公式 11.2 は成立する．また，三角関数 $f(x) = \sin ax$, $\cos ax$ で微分記号 D^2 に数値 $-a^2$ を代入して分母が 0 になる場合は，公式 11.2 を使えない．例題 8.2 の注意のように，指数関数 $\mathrm{Re}\, e^{iax} = \cos ax$, $\mathrm{Im}\, e^{iax} = \sin ax$ と公式 9.1 を用いて計算する．

練習問題 11

1. 公式 11.1 を用いて解け．

(1) $y' + 4y = 6xe^{2x} - 4x^2$

(2) $3y' - 2y = x\sin\dfrac{x}{3} - \cos\dfrac{x}{3}$

(3) $y'' + 2y' - 3y = x + 1 + e^{2x}\cos\sqrt{2}x$

(4) $y'' + 2y' + y = xe^x + x^3$

(5) $y'' + 3y = x\cos 2x + \sin x$

(6) $y'' + 4y' + 5y = e^x \cos x - x\sin x$

(7) $y''' + y'' - 4y' - 4y = e^x + \cos x$

(8) $y''' + 3y'' - 4y = 18xe^{-2x} + 4x^2$

(9) $8y''' + 12y'' + 6y' + y = e^{-x}\cos\dfrac{x}{2} + \sin\dfrac{x}{2}$

(10) $y''' - 11y' - 20y = x\cos 3x - \sin x$

2. 公式 11.2 を用いて解け．

(1) $y' + 2y = xe^{-3x}\cos x$ (2) $4y' - 5y = xe^x \sin x$

(3) $y'' - 3y' + 2y = xe^{\frac{3}{2}x}\sin\dfrac{x}{2}$ (4) $4y'' - 4y' + y = xe^x \cos\dfrac{x}{2}$

(5) $y'' - y = xe^x \cos 2x$ (6) $y'' + y = xe^{-x}\sin 2x$

(7)　$y''' - 7y' + 6y = xe^{-x}\sin x$　　　(8)　$y''' - 3y' + 2y = xe^x \cos x$

(9)　$y''' + 3y'' + 3y' + y = xe^{-2x}\cos x$

(10)　$y''' - y' + 6y = xe^x \sin x$

解答

問 11.1　(1)　$y = Ce^{4x} - \dfrac{1}{17}(\cos x + 4\sin x) - 4x^2 - 2x - \dfrac{1}{2}$

(2)　$y = Ce^{-\frac{1}{3}x} + \dfrac{1}{4}e^x + \dfrac{1}{82}(9\sin 3x + \cos 3x)$

(3)　$y = C_1 e^{\sqrt{2}x} + C_2 e^{-\sqrt{2}x} - \dfrac{1}{6}\cos 2x - \dfrac{1}{2}x^2$

(4)　$y = \left(C_1 + C_2 x + \dfrac{1}{2}x^2\right)e^{-2x} + x^3 - 3x^2 + \dfrac{9}{2}x - 3$

問 11.2　(1)　$y = e^{-3x}(C - x\cos x + \sin x)$

(2)　$y = Ce^{\frac{3}{2}x} + e^{2x}\left\{\dfrac{1}{5}x(2\sin x + \cos x) - \dfrac{2}{25}(4\sin x - 3\cos x)\right\}$

(3)　$y = e^x\left(C_1 \cos\sqrt{2}x + C_2 \sin\sqrt{2}x - \dfrac{1}{2}x\cos 2x + \sin 2x\right)$

(4)　$y = e^{3x}\left(C_1 + C_2 x - \dfrac{1}{9}x\sin 3x - \dfrac{2}{27}\cos 3x\right)$

練習問題 11

1.　(1)　$y = Ce^{-4x} + \left(x - \dfrac{1}{6}\right)e^{2x} - x^2 + \dfrac{1}{2}x - \dfrac{1}{8}$

(2)　$y = Ce^{\frac{2}{3}x} - \dfrac{1}{5}x\left(\cos\dfrac{x}{3} + 2\sin\dfrac{x}{3}\right) - \dfrac{2}{25}\left(\cos\dfrac{x}{3} + 7\sin\dfrac{x}{3}\right)$

(3)　$y = C_1 e^x + C_2 e^{-3x} - \dfrac{1}{3}x - \dfrac{5}{9} + \dfrac{1}{27}e^{2x}(2\sqrt{2}\sin\sqrt{2}x + \cos\sqrt{2}x)$

(4)　$y = (C_1 + C_2 x)e^{-x} + \dfrac{1}{4}(x-1)e^x + x^3 - 6x^2 + 18x - 24$

(5)　$y = C_1 \cos\sqrt{3}x + C_2 \sin\sqrt{3}x - x\cos 2x + 4\sin 2x + \dfrac{1}{2}\sin x$

(6)　$y = e^{-2x}(C_1 \cos x + C_2 \sin x) + \dfrac{1}{39}e^x(2\sin x + 3\cos x)$

　　　$+ \dfrac{1}{8}x(\cos x - \sin x) - \dfrac{1}{16}(2\cos x - \sin x)$

(7)　$y = C_1 e^{-x} + C_2 e^{2x} + C_3 e^{-2x} - \dfrac{1}{6}e^x - \dfrac{1}{10}(\sin x + \cos x)$

(8)　$y = C_1 e^x + (C_2 + C_3 x - x^2 - x^3)e^{-2x} - x^2 - \dfrac{3}{2}$

(9)　$y = (C_1 + C_2 x + C_3 x^2)e^{-\frac{1}{2}x} + \dfrac{1}{4}(e^{-x} - 1)\left(\sin\dfrac{x}{2} + \cos\dfrac{x}{2}\right)$

(10)　$y = C_1 e^{4x} + e^{-2x}(C_2 \cos x + C_3 \sin x) - \dfrac{1}{200}x(3\sin 3x + \cos 3x)$

　　　$+ \dfrac{19}{10000}(3\sin 3x - 4\cos 3x) - \dfrac{1}{136}(3\cos x - 5\sin x)$

2.　(1)　$y = Ce^{-2x} + e^{-3x}\left\{\dfrac{1}{2}x(\sin x - \cos x) + \dfrac{1}{2}\sin x\right\}$

(2) $y = Ce^{\frac{5}{4}x} - e^x\left\{\dfrac{1}{17}x(4\cos x + \sin x) + \dfrac{4}{289}(8\cos x - 15\sin x)\right\}$

(3) $y = C_1 e^x + C_2 e^{2x} - e^{\frac{3}{2}x}\left(2x\sin\dfrac{x}{2} + 4\cos\dfrac{x}{2}\right)$

(4) $y = (C_1 + C_2 x)e^{\frac{1}{2}x} + e^x\left(\dfrac{1}{2}x\sin\dfrac{x}{2} - \sin\dfrac{x}{2} + \cos\dfrac{x}{2}\right)$

(5) $y = e^x\left\{C_1 + \dfrac{1}{8}x(\sin 2x - \cos 2x) + \dfrac{1}{16}(\sin 2x + 2\cos 2x)\right\} + C_2 e^{-x}$

(6) $y = C_1\cos x + C_2\sin x$
$\quad + e^{-x}\left\{\dfrac{1}{10}x(2\cos 2x - \sin 2x) + \dfrac{1}{50}(2\cos 2x - 11\sin 2x)\right\}$

(7) $y = C_1 e^x + C_2 e^{2x} + C_3 e^{-3x}$
$\quad + e^{-x}\left\{\dfrac{1}{50}x(\cos x + 3\sin x) + \dfrac{1}{250}(9\cos x + 2\sin x)\right\}$

(8) $y = e^x\left\{C_1 + C_2 x - \dfrac{1}{10}x(\sin x + 3\cos x) + \dfrac{3}{50}(11\sin x - 2\cos x)\right\}$
$\quad + C_3 e^{-2x}$

(9) $y = (C_1 + C_2 x + C_3 x^2)e^{-x} + e^{-2x}\left\{\dfrac{1}{4}x(\sin x + \cos x) + \dfrac{3}{4}\cos x\right\}$

(10) $y = C_1 e^{-2x} + e^x\left\{C_2\cos\sqrt{2}x + C_3\sin\sqrt{2}x\right.$
$\quad \left. -\dfrac{1}{10}x(\cos x - 3\sin x) - \dfrac{1}{50}(27\cos x + 14\sin x)\right\}$

§12 定数係数線形連立微分方程式

定数係数の線形微分方程式の解法を応用して，連立の線形微分方程式の解き方を考える．ここでは未知関数が 2 つある定数係数の線形連立微分方程式に取り組む．

12.1 同次線形連立微分方程式

右辺が 0 である**線形連立微分方程式**を解く．

> **例題 12.1** 消去法を用いて解け．
> (1) $\begin{cases} y - z' = 0 \\ y' - z = 0 \end{cases}$ (2) $\begin{cases} y' + z' + 2z = 0 \\ y' - 2y - 3z' = 0 \end{cases}$

解 未知関数 y, z を 1 つに減らしてから線形微分方程式を解く．括弧内は別表示の解である．詳しくは注意 2 を見よ．

(1) $\begin{cases} y - Dz = 0 & \text{①} \\ Dy - z = 0 & \text{②} \end{cases}$

$D \times \text{②} - \text{①}$ より

$$D^2 y - y = 0$$
$$(D^2 - 1)y = 0$$
$$h^2 - 1 = 0, \quad h = \pm 1$$
$$y = C_1 e^x + C_2 e^{-x} \, (= C_1' e^x - C_2' e^{-x})$$

② より

$$z = Dy = D(C_1 e^x + C_2 e^{-x})$$
$$= C_1 e^x - C_2 e^{-x} \, (= C_1' e^x + C_2' e^{-x})$$

(2) $\begin{cases} Dy + Dz + 2z = 0 & \text{①} \\ Dy - 2y - 3Dz = 0 & \text{②} \end{cases}$

$\begin{cases} Dy + (D+2)z = 0 & \text{③} \\ (D-2)y - 3Dz = 0 & \text{④} \end{cases}$

$(D-2) \times \text{③} - D \times \text{④}$ より

$$(D^2 - 4)z + 3D^2 z = 0$$
$$(D^2 - 1)z = 0$$
$$h^2 - 1 = 0, \quad h = \pm 1$$
$$z = C_1 e^x + C_2 e^{-x} \left(= -\frac{1}{3} C_1' e^x + C_2' e^{-x} \right)$$

① $-$ ② より

$$2y + 4Dz + 2z = 0$$

$$y = -(2D+1)z$$
$$= -(2D+1)(C_1e^x + C_2e^{-x})$$
$$= -3C_1e^x + C_2e^{-x}(= C_1'e^x + C_2'e^{-x})$$

問 12.1 消去法を用いて解け．

(1) $\begin{cases} y' + 2z = 0 \\ 2y + z' = 0 \end{cases}$ (2) $\begin{cases} 2y' + z' - z = 0 \\ y' + y + z' = 0 \end{cases}$

注意1 1つの未知関数を求めて残りの未知関数を求めるときは，その導関数を含まない式を利用する．また次が成り立つ．

（任意定数の個数）≦（階数）×（未知関数の個数）

注意2 解 y と z の式で定数 C_1, C_2 は対応しているので，たとえば例題 12.1 (1) で解 z の定数 $-C_2$ を C_2 と書きかえない．また解 y と z の求める順序をかえると，括弧内の別表示の解が現れる．そのときは定数を $C_1 = C_1'$，$C_2 = -C_2'$ ととりかえれば，解が一致する．

12.2 非同次線形連立微分方程式

右辺が 0 でない線形連立微分方程式を解く．

例題 12.2 消去法を用いて解け．

(1) $\begin{cases} y - z' = \sin x \\ y' - z = \cos x \end{cases}$ (2) $\begin{cases} y' + z' + 2z = 4x \\ y' - 2y - 3z' = 2 \end{cases}$

解 未知関数 y, z を1つに減らしてから，線形微分方程式を解く．括弧内は別表示の解である．

(1) $\begin{cases} y - Dz = \sin x & \text{①} \\ Dy - z = \cos x & \text{②} \end{cases}$

$D \times ② - ①$ より

$$D^2 y - y = D\cos x - \sin x = -\sin x - \sin x = -2\sin x$$
$$(D^2 - 1)y = -2\sin x$$
$$h^2 - 1 = 0, \quad h = \pm 1$$
$$y = C_1 e^x + C_2 e^{-x} - \frac{2\sin x}{D^2 - 1}$$
$$= C_1 e^x + C_2 e^{-x} + \sin x (= C_1' e^x - C_2' e^{-x} + \sin x)$$

② より

$$z = Dy - \cos x = D(C_1 e^x + C_2 e^{-x} + \sin x) - \cos x$$
$$= C_1 e^x - C_2 e^{-x} + \cos x - \cos x$$
$$= C_1 e^x - C_2 e^{-x} (= C_1' e^x + C_2' e^{-x})$$

(2) $\begin{cases} Dy + Dz + 2z = 4x & \text{①} \\ Dy - 2y - 3Dz = 2 & \text{②} \end{cases}$

$$\begin{cases} Dy+(D+2)z = 4x & \text{③} \\ (D-2)y-3Dz = 2 & \text{④} \end{cases}$$

$(D-2)\times$③$-D\times$④ より

$$(D^2-4)z+3D^2z = (D-2)4x = 4-8x$$
$$(D^2-1)z = -2x+1$$
$$h^2-1 = 0, \quad h = \pm 1$$

$$\begin{array}{r} 2x-1 \\ -1+D^2 \overline{\smash{\big)}\,-2x+1} \\ \underline{-2x} \\ 1 \end{array}$$

$$z = C_1 e^x + C_2 e^{-x} + \frac{-2x+1}{D^2-1}$$
$$= C_1 e^x + C_2 e^{-x} + 2x - 1 \left(= -\frac{1}{3}C_1' e^x + C_2' e^{-x} + 2x - 1 \right)$$

①$-$② より

$$2y+4Dz+2z = 4x-2$$
$$y = -(2D+1)z+2x-1$$
$$= -(2D+1)(C_1 e^x + C_2 e^{-x} + 2x - 1) + 2x - 1$$
$$= -3C_1 e^x + C_2 e^{-x} - 4 - 2x + 1 + 2x - 1$$
$$= -3C_1 e^x + C_2 e^{-x} - 4 (= C_1' e^x + C_2' e^{-x} - 4)$$

問 12.2 消去法を用いて解け．

(1) $\begin{cases} 2y'-3z = x \\ 3y-2z' = x^2 \end{cases}$ (2) $\begin{cases} 2y'-z'+z = e^{2x} \\ 3y'+y-2z' = e^{2x} \end{cases}$

練習問題 12

1. 消去法を用いて解け．

(1) $\begin{cases} y'+y-z = 0 \\ y+z'+z = 0 \end{cases}$ (2) $\begin{cases} y'-z'-2z = 0 \\ y'-2y+z' = 0 \end{cases}$

(3) $\begin{cases} y'-2y-z'+z = 0 \\ y'+4y+z'-2z = 0 \end{cases}$ (4) $\begin{cases} y'-2y-z'-4z = 0 \\ y'+y+z'-3z = 0 \end{cases}$

(5) $\begin{cases} y'+y-2z = 2e^x \\ y+z'-z = e^x \end{cases}$ (6) $\begin{cases} y'-3z'+2z = e^{-x} \\ y'+y-2z' = \sin x \end{cases}$

(7) $\begin{cases} y'-2y-z'-6z = 6x^2 \\ y'-y+z'-3z = e^{2x} \end{cases}$ (8) $\begin{cases} y'+4y+z'+6z = 2x \\ y'+y+z'+2z = \cos 2x \end{cases}$

(9) $\begin{cases} y''+y+2z' = 1 \\ 2y'+z''+z = \cos x \end{cases}$ (10) $\begin{cases} y''-4y-2z' = x \\ 3y'+z''+z = e^x \end{cases}$

解答（括弧内は別表示の解）

問 12.1 (1) $y = C_1 e^{2x} + C_2 e^{-2x} (= -C_1 e^{2x} + C_2 e^{-2x})$
$z = -C_1 e^{2x} + C_2 e^{-2x} (= C_1 e^{2x} + C_2 e^{-2x})$

(2) $y = C_1 \cos x + C_2 \sin x$
$\left(= -\dfrac{1}{2}(C_1+C_2)\cos x + \dfrac{1}{2}(C_1-C_2)\sin x\right)$
$z = (C_2-C_1)\cos x - (C_1+C_2)\sin x (= C_1 \cos x + C_2 \sin x)$

問 12.2 (1) $y = C_1 e^{\frac{3}{2}x} + C_2 e^{-\frac{3}{2}x} + \dfrac{1}{3}x^2 + \dfrac{2}{27} \left(= C_1 e^{\frac{3}{2}x} - C_2 e^{-\frac{3}{2}x} + \dfrac{1}{3}x^2 + \dfrac{2}{27}\right)$
$z = C_1 e^{\frac{3}{2}x} - C_2 e^{-\frac{3}{2}x} + \dfrac{1}{9}x \left(= C_1 e^{\frac{3}{2}x} + C_2 e^{-\frac{3}{2}x} + \dfrac{1}{9}x\right)$

(2) $y = (C_1 + C_2 x)e^{-x} + \dfrac{1}{3}e^{2x} \left(= \left(C_1 + \dfrac{C_2}{2} + C_2 x\right)e^{-x} + \dfrac{1}{3}e^{2x}\right)$
$z = \left(C_1 - \dfrac{C_2}{2} + C_2 x\right)e^{-x} + \dfrac{1}{3}e^{2x} \left(= (C_1 + C_2 x)e^{-x} + \dfrac{1}{3}e^{2x}\right)$

練習問題 12

1. (1) $y = e^{-x}(C_1 \cos x + C_2 \sin x)(= e^{-x}(C_1 \sin x - C_2 \cos x))$
$z = e^{-x}(-C_1 \sin x + C_2 \cos x)(= e^{-x}(C_1 \cos x + C_2 \sin x))$

(2) $y = C_1 e^{\sqrt{2}x} + C_2 e^{-\sqrt{2}x} (= (\sqrt{2}+1)C_1 e^{\sqrt{2}x} - (\sqrt{2}-1)C_2 e^{-\sqrt{2}x})$
$z = (\sqrt{2}-1)C_1 e^{\sqrt{2}x} - (\sqrt{2}+1)C_2 e^{-\sqrt{2}x} (= C_1 e^{\sqrt{2}x} + C_2 e^{-\sqrt{2}x})$

(3) $y = C_1 + C_2 e^{\frac{1}{2}x} \left(= \dfrac{C_1}{2} + \dfrac{C_2}{3}e^{\frac{1}{2}x}\right)$
$z = 2C_1 + 3C_2 e^{\frac{1}{2}x} (= C_1 + C_2 e^{\frac{1}{2}x})$

(4) $y = C_1 \cos\sqrt{5}x + C_2 \sin\sqrt{5}x$
$\left(= -\dfrac{1}{3}(C_1 + 2\sqrt{5}C_2)\cos\sqrt{5}x + \dfrac{1}{3}(2\sqrt{5}C_1 - C_2)\sin\sqrt{5}x\right)$
$z = \dfrac{1}{7}(2\sqrt{5}C_2 - C_1)\cos\sqrt{5}x - \dfrac{1}{7}(2\sqrt{5}C_1 + C_2)\sin\sqrt{5}x$
$(= C_1 \cos\sqrt{5}x + C_2 \sin\sqrt{5}x)$

(5) $y = C_1 \cos x + C_2 \sin x + e^x$
$(= (C_1 - C_2)\cos x + (C_1 + C_2)\sin x + e^x)$
$z = \dfrac{1}{2}(C_1 + C_2)\cos x + \dfrac{1}{2}(C_2 - C_1)\sin x (= C_1 \cos x + C_2 \sin x)$

(6) $y = C_1 e^x + C_2 e^{-2x} - e^{-x} - \dfrac{7}{10}\cos x + \dfrac{9}{10}\sin x$
$\left(= C_1 e^x + 4C_2 e^{-2x} - e^{-x} - \dfrac{7}{10}\cos x + \dfrac{9}{10}\sin x\right)$
$z = C_1 e^x + \dfrac{C_2}{4}e^{-2x} - \dfrac{3}{10}\cos x + \dfrac{1}{10}\sin x$
$\left(= C_1 e^x + C_2 e^{-2x} - \dfrac{3}{10}\cos x + \dfrac{1}{10}\sin x\right)$

(7) $y = C_1 + C_2 x + x^3 - \dfrac{3}{4}x^4 + e^{2x}$
$\left(= -(3C_1 + 2C_2) - 3C_2 x + x^3 - \dfrac{3}{4}x^4 + e^{2x}\right)$
$z = \dfrac{1}{9}(2C_2 - 3C_1) - \dfrac{C_2}{3}x - x^3 + \dfrac{1}{4}x^4 \left(= C_1 + C_2 x - x^3 + \dfrac{1}{4}x^4\right)$

(8)　$y = Ce^{2x} + 2x + 2 - \cos 2x + 2\sin 2x$

　　　$\left(= -\dfrac{4}{3}Ce^{2x} + 2x + 2 - \cos 2x + 2\sin 2x\right)$

　　　$z = -\dfrac{3}{4}Ce^{2x} - x - \dfrac{3}{2} + \dfrac{1}{2}\cos 2x - \dfrac{3}{2}\sin 2x$

　　　$\left(= Ce^{2x} - x - \dfrac{3}{2} + \dfrac{1}{2}\cos 2x - \dfrac{3}{2}\sin 2x\right)$

(9)　$y = (C_1 + C_2 x)e^x + (C_3 + C_4 x)e^{-x} + 1 + \dfrac{1}{2}\sin x$

　　　$\left(= -(C_1 + C_2 x)e^x + (C_3 + C_4 x)e^{-x} + 1 + \dfrac{1}{2}\sin x\right)$

　　　$z = -(C_1 + C_2 x)e^x + (C_3 + C_4 x)e^{-x}$

　　　$(= (C_1 + C_2 x)e^x + (C_3 + C_4 x)e^{-x})$

(10)　$y = \left(C_1 + \dfrac{1}{5}x\right)e^x + C_2 e^{-x} + C_3\cos 2x + C_4\sin 2x - \dfrac{1}{4}x$

　　　$\left(= \left(-\dfrac{2}{3}C_1 + \dfrac{1}{3} + \dfrac{1}{5}x\right)e^x + \dfrac{2}{3}C_2 e^{-x} - \dfrac{C_4}{2}\cos 2x + \dfrac{C_3}{2}\sin 2x - \dfrac{1}{4}x\right)$

　　　$z = -\left(\dfrac{3}{2}C_1 - \dfrac{1}{2} + \dfrac{3}{10}x\right)e^x + \dfrac{3}{2}C_2 e^{-x} + 2C_4\cos 2x - 2C_3\sin 2x + \dfrac{3}{4}$

　　　$\left(= \left(C_1 - \dfrac{3}{10}x\right)e^x + C_2 e^{-x} + C_3\cos 2x + C_4\sin 2x + \dfrac{3}{4}\right)$

索　引

あ 行

1次式	28
1変数関数	1, 3
一般解	9
n 階	8, 9
n 次	8
n 次導関数	1, 8, 28
n 乗	8
オイラーの公式	35, 52

か 行

解	8
階数	8
重ね合わせの原理	34
下端	3
関数	1
完全形	21, 22, 24
完全微分方程式	21
基本解	39
極限	1
虚数解	35, 36
虚部	52
区間	3

さ 行

次数	8
実数解	34, 36
実部	52
重解	35, 36
従属変数	1
準同次形	16
消去法	73, 74
上端	3
常微分方程式	8
初期条件	9
斉次	28
積分	3, 9
積分因数	24
積分区間	3
積分定数	3
接線	1
線形	28
線形連立微分方程式	73, 74
全微分	22
全微分方程式	21
増分	1

た 行

代数方程式	8
定数	1
定数係数	28
定数係数 1 階同次線形微分方程式	28, 29
定数係数 n 階同次線形微分方程式	36
定数係数 n 階非同次線形微分方程式	39
定数係数 2 階同次線形微分方程式	34
定積分	3
底の変換公式	32
導関数	1, 8
同次	28, 39
同次形	14, 16
同次線形連立微分方程式	73
特異解	10
特殊解	9, 39
特性解	29, 34, 36
特性方程式	29, 34, 36
独立変数	1

な 行

2 次方程式の解の公式	36
任意定数	9

は 行

微積分の基本定理	3
非同次	28, 30, 39
非同次線形連立微分方程式	74
微分	1, 3
微分係数	1
微分する	1
微分方程式	8, 9
不定積分	3
変数	1
変数係数	28
変数係数 1 階線形微分方程式	30, 31
変数分離形	10, 11, 15, 16, 21
偏導関数	21
偏微分	21, 22
方程式	1

ま, ら 行

未知関数	8
未知数	8
面積	3
累乗	8

記 号 索 引

関 数

$y(x)$	8
$f(x), F(x), g(y)$	**1**, 3, 10
$f\left(\dfrac{y}{x}\right)$	14
$f\left(\dfrac{ax+by+p}{cx+dy+q}\right)$	16
$F(x,y), f(x,y)$	**21**, 23
$C_1(y), C_2(x)$	25

極 限

$\lim\limits_{h \to 0}, \lim\limits_{\Delta x \to 0}$	1

微 分

$\Delta x, \Delta y$	1
dx, dy, dz	**1**, 22
$\dfrac{dy}{dx}$	**1**, 10
y', y''	**1**, 8
$y^{(n)}$	8, 28
$f'(x)$	1
z_x, z_y	21, 22
$(\ )_x, (\ )_y$	21
F_x, F_y	22
D	29
$Dy, D^2 y$	29
$D^n y$	40
$\dfrac{1}{D}$	**40**, 49
$p_n D^n + p_{n-1} D^{n-1} + \cdots + p_0$	40
$\dfrac{1}{p_n D^n + p_{n-1} D^{n-1} + \cdots + p_0}$	40
$P(D)$	40
$P(D^2)$	49
$P(D+a)$	55
$P'(D), P''(D)$	**60**, 62
$P^{(n)}(D)$	62
$P'(D+a), P''(D+a)$	68
$P^{(n)}(D+a)$	68

積 分

$\int$	4
$\int_a^b$	3
$\int f(x)\,dx$	4
$\int_a^b f(x)\,dx$	3
$\bigl[F(x)\bigr]_a^b$	3

微分方程式

$y' = f(x),\ y'' = g(x)$	9
$y' = f(x) g(y)$	10
$y' = f\left(\dfrac{y}{x}\right)$	14
$y' = f\left(\dfrac{ax+by+p}{cx+dy+q}\right)$	16
$y' = -\dfrac{P(x,y)}{Q(x,y)}$	21
$P(x,y)\,dx + Q(x,y)\,dy = 0$	21
$py' + qy = 0$	28
$y' + p(x) y = f(x)$	30
$p(x) y' + q(x) y = f(x)$	30
$py'' + qy' + ry = 0$	34
$p_n y^{(n)} + p_{n-1} y^{(n-1)} + \cdots + p_0 y = 0$	**28**, 36
$p_n y^{(n)} + p_{n-1} y^{(n-1)} + \cdots + p_0 y = f(x)$	**28**, 39
$p_n(x) y^{(n)} + p_{n-1}(x) y^{(n-1)} + \cdots + p_0(x) y = f(x)$	28
$p_n y^{(n)} + p_{n-1} y^{(n-1)} + \cdots + p_0 y = f(x) + g(x)$	67
$p_n y^{(n)} + p_{n-1} y^{(n-1)} + \cdots + p_0 y = a_n x^n + \cdots + a_0$	40
$p_n y^{(n)} + p_{n-1} y^{(n-1)} + \cdots + p_0 y = k e^{ax}$	44
$p_n y^{(n)} + p_{n-1} y^{(n-1)} + \cdots + p_0 y = k \sin(ax+b)$	49
$p_n y^{(n)} + p_{n-1} y^{(n-1)} + \cdots + p_0 y = k \cos(ax+b)$	49
$p_n y^{(n)} + p_{n-1} y^{(n-1)} + \cdots + p_0 y = e^{ax} f(x)$	55
$p_n y^{(n)} + p_{n-1} y^{(n-1)} + \cdots + p_0 y = x f(x)$	60
$p_n y^{(n)} + p_{n-1} y^{(n-1)} + \cdots + p_0 y = x^n f(x)$	62
$p_n y^{(n)} + p_{n-1} y^{(n-1)} + \cdots + p_0 y = x e^{ax} f(x)$	68
$p_n y^{(n)} + p_{n-1} y^{(n-1)} + \cdots + p_0 y = x^n e^{ax} f(x)$	68
$\begin{cases} P_1(D) y + Q_1(D) z = f(x) \\ P_2(D) y + Q_2(D) z = g(x) \end{cases}$	73, 74

その他

C, C_1, C_2	**3**, 9
i	35
Re	**52**, 64, 70
Im	**52**, 64, 70
$e^{i\theta}$	35
e^{iax}	**52**, 64, 70
$P(a)$	44
$P(-a^2)$	49

ギリシア文字

大文字	小文字	読み方	大文字	小文字	読み方	大文字	小文字	読み方
A	α	アルファ	I	ι	イオタ	P	ρ	ロ ー
B	β	ベータ	K	κ	カッパ	Σ	σ	シグマ
Γ	γ	ガンマ	Λ	λ	ラムダ	T	τ	タウ
Δ	δ	デルタ	M	μ	ミュー	Υ	υ	ユプシロン
E	ε	エプシロン	N	ν	ニュー	Φ	$\varphi\ \phi$	ファイ
Z	ζ	ゼータ	Ξ	ξ	クシー	X	χ	カイ
H	η	エータ	O	o	オミクロン	Ψ	$\psi\ \psi$	プサイ
Θ	$\theta\ \vartheta$	シータ	Π	π	パイ	Ω	ω	オメガ

佐野公朗
　　1958 年 1 月　　東京都に生まれる
　　1981 年　　　　早稲田大学理工学部数学科卒業
　　現　在　　　　八戸工業大学名誉教授
　　　　　　　　　博士（理学）

計算力が身に付く 微分方程式

2007 年 9 月 30 日　　第 1 版　第 1 刷　発行
2020 年 3 月 10 日　　第 1 版　第 7 刷　発行

　著　者　　佐野 公朗
　発 行 者　　発田 和子
　発 行 所　　株式会社 学術図書出版社
　　　　　　〒113-0033　東京都文京区本郷 5-4-6
　　　　　　TEL 03-3811-0889　振替 00110-4-28454
　　　　　　　　　　印刷　中央印刷（株）

定価はカバーに表示してあります．

本書の一部または全部を無断で複写（コピー）・複製・転載することは，著作権法で認められた場合を除き，著作物および出版社の権利の侵害となります．あらかじめ小社に許諾を求めてください．

Ⓒ 2007　K. SANO Printed in Japan

ISBN 978-4-7806-0064-3

公 式 集 Ⅱ （括弧内は記載ページ）

微分方程式

- 変数分離形 (p. 11)

  $\dfrac{dy}{dx} = f(x)g(y)$　ならば　$\displaystyle\int \dfrac{1}{g(y)}\,dy = \int f(x)\,dx$

- 同次形 (p. 14)

  $y' = f\left(\dfrac{y}{x}\right)$　ならば　$u = \dfrac{y}{x},\ y' = u'x + u$ として変数分離形になる．

- 完全形 (p. 22)

  $P(x, y)\,dx + Q(x, y)\,dy = 0$

  $P_y = Q_x$ ならば $F_x = P,\ F_y = Q$ として

  $F(x, y) = 0$

- 1 階線形 (p. 31)

  $y' + p(x)y = f(x)$　ならば　$h(x) = \displaystyle\int p(x)\,dx$　として

  $y = \left(\displaystyle\int f(x)e^{h(x)}\,dx\right)e^{-h(x)}$

- 1 階同次線形 (p. 29)

  $py' + qy = 0$　ならば　$y = Ce^{-\frac{q}{p}x}$

- 2 階同次線形 (p. 34)

  $py'' + qy' + ry = 0$

  $ph^2 + qh + r = 0$ の解を α, β とする．

  (1)　$\alpha \neq \beta$　ならば　$y = C_1 e^{\alpha x} + C_2 e^{\beta x}$

  (2)　$\alpha = \beta$　ならば　$y = C_1 e^{\alpha x} + C_2 x e^{\alpha x}$

  (3)　$\alpha, \beta = a \pm bi$　ならば　$y = e^{ax}(C_1 \cos bx + C_2 \sin bx)$

- n 階同次線形 (p. 36)

  $p_n y^{(n)} + p_{n-1} y^{(n-1)} + \cdots + p_0 y = 0$

  $p_n h^n + p_{n-1} h^{n-1} + \cdots + p_0 = 0$ の解を $\alpha_1, \cdots, \alpha_n$ とする．

  (1)　$\alpha_1, \cdots, \alpha_n$ が異なるならば

  $y = C_1 e^{\alpha_1 x} + \cdots + C_n e^{\alpha_n x}$

  (2)　$\alpha_1 = \cdots = \alpha_k$ ならば

  $y = (C_1 + C_2 x + \cdots + C_k x^{k-1})e^{\alpha_1 x} + C_{k+1} e^{\alpha_{k+1} x} + \cdots + C_n e^{\alpha_n x}$

  (3)　$a_1 \pm b_1 i, \cdots, a_k \pm b_k i$ を含むならば

  $y = e^{a_1 x}(C_1 \cos b_1 x + C_2 \sin b_1 x) + \cdots + e^{a_k x}(C_{2k-1} \cos b_k x + C_{2k} \sin b_k x)$
  $\qquad + C_{2k+1} e^{\alpha_{2k+1} x} + \cdots + C_n e^{\alpha_n x}$